Tanja Bögner, Barbara Kettl-Römer, Cordula Natusch
Protokolle schreiben

Tanja Bögner • Barbara Kettl-Römer •
Cordula Natusch

Protokolle schreiben

Professionell, strukturiert und auf den Punkt gebracht. Mit Checklisten, Praxistipps, Mustern und Vorlagen.

Bibliografische Information der Deutschen Nationalbibliothek

Die Deutsche Nationalbibliothek verzeichnet diese Publikation in der Deutschen Nationalbibliografie; detaillierte bibliografische Daten sind im Internet über http://dnb.d-nb.de abrufbar.

ISBN 978-3-7093-0506-5

Es wird darauf verwiesen, dass alle Angaben in diesem Werk trotz sorgfältiger Bearbeitung ohne Gewähr erfolgen und eine Haftung der Autorinnen oder des Verlages ausgeschlossen ist.

Umschlag: buero8

© LINDE VERLAG Ges.m.b.H., Wien 2013
1210 Wien, Scheydgasse 24, Tel.: 01/24 630
www.lindeverlag.de
www.lindeverlag.at

Satz: psb, Berlin
Druck: Hans Jentzsch & Co. GmbH
1210 Wien, Scheydgasse 31

INHALT

Vorwort

„Oje, Protokolle schreibe ich aber gar nicht gerne!" Das war wohl die häufigste Reaktion, die wir bei unseren Recherchen und Interviews zum Thema unseres Buches zu hören bekamen.

Warum nur?

Protokolle sind wichtig. Wie sonst sollte dokumentiert werden, was bei einer Besprechung gesagt und beschlossen wurde, welche Aufgaben an wen verteilt und welche Termine dafür gesetzt wurden? Ohne Protokolle wären Besprechungen nur unverbindliche Plauderrunden, schließlich wüsste spätestens 14 Tage später ohnehin niemand mehr so genau, was eigentlich vereinbart wurde.

Das hat uns auch dieses Projekt wieder gezeigt. Als im Sommer 2012 die Idee zu diesem Buch entstand, war schnell klar: Hier sind viele Telefonkonferenzen notwendig. Denn für dieses Projekt haben sich drei Autorinnen zusammengefunden, die quer über die Bundesrepublik Deutschland verteilt leben und arbeiten – in Berlin, im Allgäu und in Hamburg. Zu dritt ein Buch zu schreiben, erfordert viele Absprachen. Sonst besteht die Gefahr, dass einige Arbeiten doppelt erledigt werden, andere dafür gar nicht.

Bei unseren Telefonaten ging es also viel um die Inhalte des Buches, aber auch um Organisatorisches: Wer liefert welchen Input? Wer schreibt welches Kapitel? Wer führt welches Interview? Und bis wann wollen wir welchen Meilenstein erreicht haben? Natürlich mussten wir diese Absprachen schriftlich festhalten. Wir stellten wieder einmal fest: Ohne (Ergebnis-)Protokolle wäre es schwierig bis unmöglich, ein solches Projekt erfolgreich durchzuführen.

Wir geben aber zu: Es ist gar nicht so einfach, gute Protokolle zu schreiben. Denn dazu muss man nicht nur über ein solides Hintergrundwissen zu den verhandelten Themen verfügen, sondern auch konzentriert zuhören und die entscheidenden Inhalte herausfiltern können, schnell mitschreiben und dem Ganzen hinterher eine Struktur und Form geben, die das Weiterarbeiten mit dem Protokoll ermöglichen.

Keine Frage, das ist eine anspruchsvolle Tätigkeit, die sich nicht „mal schnell nebenher" erledigen lässt und die volle Konzentration erfordert (was vermutlich der Grund für ihre Unbeliebtheit ist). Aber es ist eine, die man erlernen und trainieren kann. Dabei wollen wir Ihnen helfen, das ist der Zweck dieses Buches.

Dieser Anspruch ist übrigens auch der Grund für die Bildung unseres Autorinnentrios: Tanja Bögner ist eine ausgewiesene Office-Expertin, die seit vielen Jahren als Assistentin arbeitet und regelmäßig Protokolle erstellt. Barbara Kettl-Römer und Cordula Natusch sind erfahrene Autorinnen, deren Spezialität es ist, komplexe Sachverhalte zusammenzufassen und übersichtlich und leicht verständlich auf den Punkt zu bringen. Barbara Kettl-Römer ist als Diplom-Kauffrau auf Wirtschaftsthemen spezialisiert, Cordula Natusch ist als Germanistin, Lektorin und DIN-5008-Expertin eine Fachfrau für korrekte Sprache und Form.

Wir haben unser Wissen und Können gebündelt, um dieses Buch für Sie so praxisnah und nützlich wie möglich zu gestalten. Unsere Interviewpartner Andrea Hallmann, Bianca Marinelli und Ceyhun Heptaygun haben ihre Erfahrungen und Tipps bereitwillig mit uns und Ihnen geteilt – herzlichen Dank dafür!

Eine nutzbringende und unterhaltsame Lektüre wünschen Ihnen

Tanja Bögner, *Barbara Kettl-Römer* und *Cordula Natusch*

Kapitel 1

Die Basics: Was sind Protokolle und welche Zwecke erfüllen sie?

Wann und wozu schreibt man eigentlich Protokolle? Welche Anforderungen müssen Protokolle erfüllen, um diesen Zwecken zu genügen? Welche Arten von Protokollen gibt es, welche Vor- und Nachteile haben sie? Und wann kommen welche Arten zum Einsatz? Diese Fragen klärt das erste Kapitel.

Aufgaben und Nutzen von Protokollen

Grundsätzlich dient ein Protokoll der Dokumentation. Es hält fest,

→ welche Teilnehmer sich
→ an welchem Tag,
→ um welche Uhrzeit und für welche Dauer,
→ an welchem Ort getroffen haben,
→ über welche Inhalte sie gesprochen haben,
→ welche Entscheidungen getroffen wurden und gegebenenfalls
→ welche Arbeitsaufträge und Termine sich daraus ergeben haben.

Damit ist es eine Gedächtnisstütze für die Teilnehmer des Gesprächs, anhand derer sie sich noch nach Wochen oder Monaten in Erinnerung rufen können, worum es zu jenem Anlass ging und welche Ergebnisse erarbeitet wurden.

Rechtlich gesehen stellt das von den verantwortlichen Instanzen unterschriebene Protokoll ein Beweismittel dar. Ob die Zeugenaussage vor Gericht oder die Beschlüsse einer Aufsichtsratssitzung protokolliert werden: Mit ihrer Unterschrift bestätigen die Beteiligten, dass sie die fraglichen Aussagen und Beschlüsse genauso getroffen haben, wie sie festgehalten wurden. „Das habe ich so nicht gesagt!" oder „ich kann mich nicht erinnern" sind Aussagen, die sich schwer aufrechterhalten lassen, wenn ein genaues (und vom Betreffenden unterschriebenes) Protokoll dagegensteht.

Aber auch für Personen, die nicht an einer Sitzung teilnehmen konnten, obwohl sie von deren Ergebnissen betroffen sind, ist ein Protokoll nützlich. Für sie dient es der Information: Anhand des Protokolls können sie die besprochenen Inhalte nachvollziehen, erfahren, welche Fortschritte gemacht wurden und auf welchem Stand die Diskussion, das Projekt oder die Entscheidungen sind. Somit ist ein gleicher Wissensstand für alle Verantwortlichen gewährleistet.

Ebenso kann ein Protokoll als Arbeitsgrundlage, Wiedervorlage- und Kontrollinstrument dienen, wenn dort „To-do"-Punkte, Verantwortlichkeiten und Termine vermerkt wurden.

Fazit

Protokolle dienen

- der Dokumentation,
- der Information,
- als Gedächtnisstütze,
- manchmal als Beweismittel und
- oft als Arbeitsgrundlage.

Anlässe, zu denen Protokolle erstellt werden

Wenn das Wort „Protokoll" fällt, denken viele Menschen zuerst an Sekretärinnen, dann an Gerichtsverhandlungen. Beide Assoziationen sind naheliegend, denn vor Gericht werden Zeugenaussagen ebenso protokolliert wie die eingereichten Unterlagen, Beweismittel und Anträge. Und jede Sekretärin muss zumindest gelegentlich ein Protokoll schreiben, wenn ihr Chef oder ihre Chefin wichtige Besprechungen führt. Tanja Bögner erzählt beispielsweise:

„Ich erstelle Protokolle von Sitzungen, wie z. B. Vorstandssitzungen, Gremiensitzungen (Aufsichtsrats- und Finanzausschusssitzungen), bei Vorträgen von Referenten, internen Mitarbeitersitzungen oder bei wichtigen Telefonkonferenzen."

Sie sehen: Nicht nur klassische „Besprechungen" auf bestimmten hierarchischen Ebenen werden protokolliert. Gemeinsam ist den Protokollanlässen: Es handelt sich um Gespräche zu komplexeren Themen mit mehreren Beteiligten. Die Beteiligten sowie eventuell interessierte oder betroffene Dritte sollen hinterher einen gemeinsamen Wissensstand haben.

Entsprechend ist die Aufgabe des Protokollierens keineswegs nur in Unternehmen, Organisationen und Behörden zu vergeben, sondern überall da, wo sich ein Anlass gemäß der Beschreibung oben ergibt: z. B.

Kapitel 1: Die Basics

→ bei Vorstandssitzungen in Vereinen und Verbänden,

→ bei Verhandlungen zwischen Käufern und Verkäufern (z. B. bei Unternehmensübernahmen, aber auch beim Kauf von Wertpapieren nach einem Beratungsgespräch bei der Bank)

→ in Gemeinde- und Pfarrgemeinderatssitzungen,

→ bei Lehrerkonferenzen und Elternbeiratssitzungen in Schulen,

→ anlässlich von Elternabenden in Kindergärten ...

Die Liste ließe sich beliebig fortsetzen.

Übrigens drängen sich auch bei diesen Anlässen nicht unbedingt mehrere Bewerber um die Aufgabe des Protokollierens.

Das wird bei Ihnen hoffentlich anders sein, wenn Sie dieses Buch durchgearbeitet haben!

So sollen Protokolle sein: wahr, vollständig, klar

Aus den Aufgaben, die Protokolle erfüllen sollen, ergeben sich auch die Anforderungen, denen sie genügen müssen.

Die erste und wichtigste Anforderung klingt banal, ist aber zentral: Was protokolliert wurde, muss so auch gesagt oder beschlossen worden sein – es muss wahr sein.

Falls Sie der Meinung sind, dass das selbstverständlich sei, ehrt Sie das. Sie sollten dennoch auf jedes Protokoll, das Ihnen nach einer Sitzung, an der Sie teilgenommen haben, zugesandt wird, einen kritischen Blick werfen. In der Praxis kommt es nämlich immer wieder vor, dass diese Aufzeichnungen fehlerhaft sind.

Manchmal ist das Unvermögen des Protokollführers der Grund, etwa wenn es um einen sehr komplizierten Sachverhalt ging, den er nicht vollständig verstanden hatte. Oder er war unkonzentriert und hat deswegen Aussagen falsch wiedergegeben oder zugeordnet. Oft liegen Fehler im Protokoll auch daran, dass eine Sitzung sehr lebhaft und unstrukturiert verlaufen ist, sodass selbst der aufmerksamste Teilnehmer bzw. Protokollant nicht alles richtig mitbekommen konnte. Und gelegentlich kommt es auch vor, dass der Protokollführer eigene Interessen verfolgt und es für angezeigt hielt, bestimmte Beschlüsse nicht zu protokollieren bzw. andere aufzunehmen, die so gar nicht getroffen wurden.

Wenn die übrigen Teilnehmer die Protokolle nicht aufmerksam lesen und solche Unstimmigkeiten deswegen nicht entdecken und eine entsprechende Korrektur verlangen, bleiben die Fehler stehen. Sind dann erst einmal einige Wochen oder Monate vergangen, weiß niemand mehr so ganz genau, was im Einzelnen beschlossen wurde – dann stützt man sich eben auf das Protokoll inklusive seiner Fehler.

Zweitens: Für die meisten Protokolle gilt, dass sie genau das enthalten sollen, was jeder Teilnehmer und jeder betroffene Dritte wissen muss – nicht mehr, aber auch nicht weniger. Nur das Wortprotokoll gibt jede einzelne Äußerung wieder, die gemacht wurde, und selbst hier müssen die Unzulänglichkeiten des gesprochenen Wortes ausgeglichen werden (mehr dazu lesen Sie weiter unten).

Auch diese Anforderung des „Nicht zu viel, aber auch nicht zu wenig" ist oft gar nicht so einfach zu erfüllen, denn sie bedeutet für jeden Punkt eine eigene Abwägung:

→ Ist das wichtig?
→ Wer muss das wissen?
→ Warum?
→ Was passiert, wenn man es weglässt?

Drittens: Ob und inwieweit das Protokoll wirklich als Information und Arbeitsgrundlage dienen kann, hängt auch davon ab, wie gut es geschrieben ist. Eine floskelhafte Sprache mit Schachtel- und Bandwurmsätzen, gespickt mit Fachausdrücken und Anglizismen, erschwert die Lektüre und erhöht die Gefahr von Fehlinterpretationen. Protokolle müssen sich nicht lesen wie ein spannender Roman, sollten aber auch nicht an eine direkt aus dem Chinesischen übersetzte Bedienungsanleitung erinnern. Sie müssen vor allem verständlich und klar geschrieben sein. Formulierungen, die mehrere Deutungen zulassen, erhöhen das Risiko für Missverständnisse und verringern die Brauchbarkeit des Protokolls als Arbeitsgrundlage.

Klar und übersichtlich wird ein Protokoll auch durch eine sinnvolle Gliederung und Struktur. Perfekt wird es dann, wenn es auch noch den Formerfordernissen entspricht, die die DIN 5008 vorgibt. Mehr dazu lesen Sie in Kapitel 5.

Fazit

Protokolle sollen

- wahr,
- so ausführlich wie nötig und so kurz wie möglich,
- verständlich geschrieben,
- klar strukturiert und
- formal korrekt gestaltet

sein.

Protokollarten und ihre Funktionen

Die „klassischen" Protokollarten sind das Wortprotokoll, das Verlaufsprotokoll und das Kurz- oder Ergebnisprotokoll. Daneben gibt es Sonderformen wie das Gedächtnisprotokoll, das Fotoprotokoll, die Telefon- oder Aktennotiz. Dem Protokoll verwandt ist der Bericht.

Wort für Wort notiert: das Wortprotokoll

Im Wortprotokoll wird – wie der Name schon sagt – Wort für Wort der genaue Verlauf der Sitzung und jede einzelne Äußerung jedes einzelnen Teilnehmers wiedergegeben. Diese Protokollart ist sehr zeitaufwendig. Da hier Stenografiekenntnisse, höchste Konzentration und eine vollständige, chronologische Wiedergabe des Gesprochenen inklusive der Zuordnung zum Sprecher verlangt werden, ist das ein Job für hochqualifizierte und -spezialisierte Profiprotokollanten.

Wortprotokolle werden in normalen Unternehmen und Behörden nur sehr selten benötigt. Sie geben zwar ganz genau den Verlauf einer Besprechung wieder, allerdings ist es umständlich, beim späteren Lesen in der Fülle des

Textes Beschlüsse und Aufgaben oder auch nur zusammengehörende Argumente wiederzufinden.

An der Tagesordnung sind Wortprotokolle nur dort, wo es wirklich auf jedes Wort ankommt: nämlich bei der Protokollierung von Aussagen vor Gericht und in der Politik, z. B. bei Bundestags- und Landtagssitzungen.

Im Deutschen Bundestag gibt es einen eigenen Stenografischen Dienst, dessen Angehörige oft Germanisten oder andere Akademiker sind. Jeweils 16 von ihnen sind an Sitzungstagen im Einsatz und schreiben mehrmals täglich für je fünf Minuten die Debatte mit. Weitere acht Kollegen arbeiten als Revisoren, die die Inhalte prüfen und die einzelnen Mitschriften zusammenfügen.

Die Nachbereitung – das Abtippen und Korrigieren der Fünf-Minuten-Mitschriften – dauert meist rund eine Stunde. Ganz wörtlich schreiben nämlich selbst die Bundestagstenografen das Gesagte gar nicht ab, verrieten sie in einer Reportage, die 2012 im Magazin der Süddeutschen Zeitung erschienen ist:

> *„(...) der amüsanteste Satz? Detlef Peitz überlegt nicht lange. Ein Verkehrsminister hatte vor ein paar Monaten gesagt: „Die Verkehrstoten müssen halbiert werden." Peitz hat den Satz dann auf Norm gebracht. „Die Zahl der Verkehrstoten muss halbiert werden." (...)*
> *Waltraud Plickert eliminiert Füllwörter wie „schon". Fügt „ein-" hinzu, wenn jemand sagt: „Ich will mal sagen." Streicht „letzten", wenn jemand sagt: „Wir haben die letzten vergangenen Jahre ..." Manchmal, sagt sie, schaue sie abends nach dem Dienst Talkshows an – und schleife im Kopf die Redebeiträge der Gäste fein."*

Was sprachlich falsch ist, darf und soll im Wortprotokoll also im Dienste der Verständlichkeit, Lesbarkeit sowie der grammatikalischen Richtigkeit korrigiert werden. Trotzdem soll das Geschriebene so nah wie möglich am Gesagten bleiben. Die Korrekturen in den Wortprotokollen werden übrigens von den einzelnen Abgeordneten im Bundestag bzw. deren Mitarbeitern noch abgesegnet – willkürliche Änderungen sind also ausgeschlossen.

Der zweite häufige Einsatzbereich für Wortprotokolle sind Gerichtsverhandlungen. Dabei geht es aber nicht unbedingt so zu, wie wir das aus dem Fernsehen kennen.

Im Gespräch

Andrea Hallmann ist Justizangestellte im Protokolldienst, arbeitet seit 1982 in ihrer Eigenschaft als Urkundsbeamtin der Geschäftsstelle bei verschiedenen Berliner Amtsgerichten, seit 1994 am Amtsgericht Mitte.

Welche Rolle spielen Protokolle in Ihrem Arbeitsalltag?
Ich bin täglich acht oder mehr Stunden im Gerichtssaal, davon etwa vier im Protokoll, und zwar nicht bei Strafprozessen, sondern in Zivilverhandlungen und in zivilrechtlichen Verkehrssachen.

Also so wie im Fernsehen, wo Gerichtsprotokollanten alles mitschreiben, was gesagt wird?
Nein, meine tatsächliche Arbeit hat mit dem, was im Fernsehen gezeigt wird, wenig zu tun. Ich muss schon lachen, wenn ich sehe, wie langsam die im Fernsehen tippen. Ohnehin könnte niemand alles mitschreiben, was gesprochen wird – und das sage ich, obwohl ich 600 Zeichen in der Minute tippe! Das geht wirklich sehr an der Realität vorbei.
Das macht aber nichts, weil vor Gericht gar nicht jedes Wort protokolliert wird. Muss ich gerade nichts aufnehmen, erledige ich alles Mögliche andere nebenher.

Was denn?
Ich recherchiere bei Bedarf Parallelverfahren und drucke für die Prozessbeteiligten die entsprechenden Dokumente aus, suche auch mal schnell eine Satellitenaufnahme der Unfallörtlichkeit im Internet. Ich bereite Entscheidungen, die am Schluss der Verhandlung ergehen sollen, für den Richter unterschriftsreif vor, wie z. B. Beweisbeschlüsse über den Hergang eines Verkehrsunfalls, sodass der Richter mir meist nur noch einen Termin und Fristen ansagen muss.
Wenn ich höre, dass ein Urteil ergehen wird, bereite ich den Tenor unterschriftsreif vor. Ich lade auch Zeugen und stelle Beschlüsse und Urteile zu. Während der Verhandlung kommuniziere ich per E-Mail und (leise) per Telefon mit dem Anwaltszimmer und den Geschäftsstellen über Verspätungen, krankheitsbedingt verhinderte Zeugen oder Terminsvertreter für einen verhinderten Anwalt.

Oder ich organisiere via Rundmail an meine Protokollführerkolleginnen spontan einen Dolmetscher, wenn sich erst während der Verhandlung herausstellt, dass eine Verständigung mit dem Zeugen nicht möglich ist. Damit erspare ich allen Beteiligten die Anberaumung eines neuen Termins.

Sie erstellen also gar keine Wortprotokolle als „Gerichtsstenografin"?
Doch, Zeugenaussagen nehme ich wörtlich auf, allerdings nach dem Diktat des Richters, der die oft zu sehr auf emotionale Nebensächlichkeiten ausschweifenden Aussagen auf den sachlichen Punkt bringt und sich beim Zeugen vergewissert, ob er dessen Aussage so richtig verstanden, wiedergegeben und diktiert hat. Dann wird alles nochmals verlesen und vom Zeugen genehmigt. Allein in Verkehrssachen sind das im Durchschnitt täglich um die zehn Aussagen.

Brauchen Sie Steno dazu? Und welche anderen Hilfsmittel nutzen Sie?
Normalerweise schreibe ich direkt in den PC, in dem alle benötigten Vorlagen enthalten sind. Da es aber schon ein- oder zweimal im Jahr vorkommt, dass das System abstürzt, habe ich immer einen Stenoblock und einen Bleistift in der Schublade, damit ich im Notfall einsatzbereit bin und die Verhandlungen nicht unterbrochen werden müssen.
Ansonsten habe ich mir Textbausteine angelegt, die mir die Arbeit sehr erleichtern, z. B. Mustertextvorlagen für häufig vorkommende Entscheidungen, wie etwa Beschlüsse zur Einholung von Sachverständigengutachten oder in der Verhandlung zu verhängende Ordnungsgeldbeschlüsse.
Oder welche für einzelne häufig vorkommende Sätze, wie „Der Beklagtenvertreter erklärt, dass er die Aktivlegitimation des Klägers nicht mehr bestreitet" oder „der Zeuge fertigt eine Skizze, die als Anlage zur Urschrift des Protokolls genommen wird und erklärt zur Sache …".

Was und wie protokollieren Sie außer den Zeugenaussagen?
Bei manchen Gelegenheiten, etwa bei Betreuungssachen, die ich einmal wöchentlich damals fürs Amtsgericht Tiergarten protokolliert habe, wird in der Regel frei mitgeschrieben.
Da geht es manchen Richtern auch um das emotionale Verhalten des Betreuten, das möglichst drehbuchartig im Protokoll festgehalten werden sollte (z. B. „Der

Zeuge bricht in Tränen aus und erklärt, dass er ...“). Nicht selten fragt der Richter auch hinterher unter vier Augen, welchen Eindruck ein Betreuter oder ein Zeuge auf mich gemacht hat.

Wenn Vernehmungen von Betreuten in geschlossenen Anstalten oder Einrichtungen stattfanden, führte ich Wortprotokoll in Steno.

Und an wieder andere Dinge muss ich mich einfach erinnern bzw. sie selbstständig festhalten, damit formal alles korrekt ist, etwa welche Personen anwesend sind, welche Anträge gestellt werden, welche Unterlagen überreicht wurden und dass gewisse Prozesserklärungen wie Klagerücknahmen vorgelesen wurden, da sie sonst unwirksam sind. Eine fehlende Antragstellung könnte immerhin dazu führen, dass aus formalen Gründen ein neuer Termin anberaumt werden müsste.

Das müssten eigentlich die Richter diktieren, aber die vergessen das ab und zu, wenn sie ganz in den Sachverhalt des jeweiligen Falls vertieft sind und ich sie schon zu sehr verwöhnt habe. Den Satz „Ach, Frau Hallmann hat das sicher schon längst aufgenommen“ höre ich nicht selten.

Woher wissen Sie denn, wann Sie etwas protokollieren müssen, wenn die Richter es vergessen und Sie nebenher andere Tätigkeiten erledigen?

Ich muss natürlich immer mit einem Ohr zuhören, wie die Verhandlung sich entwickelt und wann wieder etwas aufzunehmen ist, dafür entwickelt man mit den Jahren ein gewisses Gespür. In dem Job müsste man eigentlich zehn Ohren und acht Arme haben!

Wie lange brauchen Sie für die Nachbereitung?

Das ist unterschiedlich. Grundsätzlich versuche ich, so viel wie möglich bereits während der laufenden Gerichtsverhandlungen zu erledigen, denn in den nächsten Tag kann ich die Nachbereitung ganz selten mitnehmen, da wartet schon die nächste Protokollrunde auf mich.

Die meisten mehrseitigen Protokolle mit Zeugenvernehmungen enden, indem sofort ein Verkündigungstermin anberaumt wird. Die kann ich dann gleich aushändigen, muss also später kein Anschreiben mehr fertigen, alles eintüten und versenden. Alles, was ich bereits während der Verhandlung vorbereiten oder fertigstellen kann, erspart dem Richter (und mir) nach der Verhandlung viel Zeit und Nerven.

Das klingt stressig. Wie stehen Sie denn die langen Verhandlungen durch?
Das frage ich mich an manchen Tagen selbst! Ich habe immer das Fenster offen, denn bei so vielen Leuten im Gerichtssaal brauche ich unbedingt frische Luft. Ich habe auch immer Tee am Tisch. Wenn ich merke, dass ich eine kleine Pause brauche, warte ich einen günstigen Moment ab, in dem ich mal für drei Minuten den Saal verlassen und mich etwas dehnen und ausschütteln kann. Das klappt dann ganz gut. Aber am Nachmittag merke ich dann schon, dass die Konzentration abfällt.

Was würden Sie Neulingen im Beruf des Gerichtsprotokollanten raten?
Neulinge sind oft erst einmal ganz verschreckt, wenn sie so einen Verhandlungstag zum ersten Mal durchstehen müssen. Das ist schon deftig, aber es macht auch Spaß. Man muss eben sehr konzentriert und strukturiert arbeiten, multitaskingfähig sein und Prioritäten setzen können.
Leider gehört mein Beruf einer aussterbenden Gattung an, denn wir sollen irgendwann von PCs mit Spracherkennungssoftware ersetzt werden. Vielleicht können die in zehn Jahren dann ja tatsächlich protokollieren, aber bisher kann das eher zu sehr lustigen Ergebnissen führen, die in einem Gerichtsprotokoll aber nichts zu suchen haben.
Den Service, den die Richter und Anwälte bei mir und meinen noch verbliebenen „letzten Mohikaner-Kolleginnen" bekommen, bietet so eine Software definitiv nicht und eine Arbeits- oder Zeitersparnis erreicht man dadurch meiner Meinung nach auch nicht.
Eher wird das Gegenteil der Fall sein: Die Parteien werden – wie jetzt schon bei den Gerichten, bei denen das Protokoll vom Richter auf Tonband diktiert wird – wochenlang auf die Protokolle warten müssen, die sie bei mir noch im Saal ausgehändigt bekommen. Das wissen die meisten Richter und Anwälte. Deswegen sind die auch froh, dass sie uns Protokollführer noch haben.

• •

Wird in einem Unternehmen ausnahmsweise ein echtes Wortprotokoll benötigt, dürften die meisten Protokollanten mit der zeitgleichen wörtlichen Mitschrift überfordert sein. Deswegen kann hier alternativ oder auch zusätzlich die Besprechung akustisch aufgezeichnet und später „nach Band" abgeschrieben werden.

Aus rechtlichen Gründen ist das aber nur möglich, wenn alle Beteiligten vorher über die Aufzeichnung informiert wurden und ihr zugestimmt haben. Für den Protokollanten bleibt dann die Herausforderung, den jeweiligen Wortbeitrag anhand der Stimme der richtigen Person zuzuordnen. Hier kann es sinnvoll sein, vorab zu vereinbaren, dass jeder Sprecher vor jedem Beitrag seinen Namen nennt.

„Herr Müller wirft ein ..., Frau Meier widerspricht ...": das Verlaufsprotokoll

In den meisten Unternehmen, Verbänden usw. gibt es hin und wieder Besprechungen, die zwar nicht wörtlich, aber doch sehr genau festgehalten werden sollen, etwa Gremiensitzungen wie Aufsichtsrats- oder Anlageausschusssitzungen, Mitgliederversammlungen oder andere wichtige, vielleicht auch kontrovers verlaufende Konferenzen. Für diese wird ein Verlaufsprotokoll angefertigt.

In diesem werden die einzelnen Tagesordnungspunkte (TOPs), Redebeiträge, Argumente, Standpunkte, Einwände, Zwischen- und Endergebnisse aufgeführt. Dazu wird aber keine wörtliche Rede wiedergegeben, sondern die wichtigsten Kernaussagen der Sprecher und die Beschlüsse werden sinngemäß zusammengefasst und dokumentiert.

Begrüßungsworte, Witze, Störungen und Zwischenrufe werden im Verlaufsprotokoll – im Gegensatz zum Wortprotokoll – nicht protokolliert. Das Verlaufsprotokoll wird im Präsens verfasst.

Beispiel •

(Auszug aus dem Protokoll einer Gemeinderatssitzung)

GR Wenger spricht die schlechte Beleuchtung des neuen Rad- und Gehwegs zwischen den Ortsteilen Unterwang und Niederwang an. Erst letzte Woche sei eine ältere Frau gestürzt, weil sie die steil abfallende Böschung nicht gesehen habe.

GR Hoferth schlägt eine gemeinsame abendliche Begehung des Weges vor, um sich selbst ein Bild von der Beleuchtungssituation zu machen.

Bgm. Gutlob schließt sich diesem Vorschlag an.

• •

Nützlich bei der Ausarbeitung eines Verlaufsprotokolls ist eine Liste mit unterschiedlichen Einleitungswörtern bzw. -verben, mit deren Hilfe der Text abwechslungsreicher gestaltet werden kann. Eine solche Liste finden Sie im Anhang.

„Das Gespräch verlief in etwa so ...": das Gedächtnisprotokoll

Das Gedächtnisprotokoll ist eine Sonderform des Verlaufsprotokolls, das dann geschrieben wird, wenn sich erst nachträglich herausstellt, dass eine Besprechung so bedeutsam war, dass ihr Verlauf und ihre Ergebnisse festgehalten werden sollen.

Es sollte so zeitnah wie möglich nach der Besprechung erstellt werden, wenn die Erinnerung an das Gespräch noch frisch und daher möglichst vollständig und korrekt ist. Hier sind das Gegenlesen und die Bestätigung durch die übrigen Teilnehmer, dass ihre Äußerungen und der Besprechungsverlauf im Wesentlichen korrekt widergegeben wurden, besonders wichtig.

Dennoch ist der „Beweiswert" eines Gedächtnisprotokolls geringer als der eines Verlaufsprotokolls, da die nachträgliche Aufzeichnung des Besprochenen zwangsläufig ungenauer und weniger „frisch" ist als das Protokoll auf Basis der gleichzeitig erstellten Mitschrift.

Anders als das Verlaufsprotokoll, das im Präsens verfasst wird, wird das Gedächtnisprotokoll im Präteritum (1. Vergangenheit) geschrieben.

(der gleiche Auszug aus dem Protokoll einer Gemeinderatssitzung als Gedächtnisprotokoll)

GR Wenger sprach die schlechte Beleuchtung des neuen Rad- und Gehwegs zwischen den Ortsteilen Unterwang und Niederwang an. Erst letzte Woche sei eine ältere Frau gestürzt, weil sie die steil abfallende Böschung nicht gesehen habe.

GR Hoferth schlug eine gemeinsame abendliche Begehung des Weges vor, um sich selbst ein Bild von der Beleuchtungssituation zu machen.

Bgm. Gutlob schloss sich diesem Vorschlag an.

Das Wichtigste in Kürze: das Kurzprotokoll

Manchmal kommt auch eine Protokollform zum Einsatz, die knapper als das Verlaufsprotokoll, aber ausführlicher als das Ergebnisprotokoll ist. In diesem „Kurzprotokoll" werden der Besprechungsverlauf und die ausgetauschten Argumente zumindest stichwortartig wiedergegeben, ohne die einzelnen Redebeiträge näher auszuführen und den jeweiligen Sprechern zuzuordnen.

Damit kann es dennoch als Erinnerungsstütze für die Entwicklung der Diskussion dienen und damit insbesondere für die Leser des Protokolls, die an der Besprechung nicht teilnehmen konnten, Hintergrundinformationen liefern, die das reine Ergebnisprotokoll, das im nächsten Abschnitt vorgestellt wird, nicht liefern kann.

Beispiel

(der bereits bekannte Teil der Gemeinderatssitzung als Kurzprotokoll)

Anschließend wurde die schlechte Beleuchtung des neuen Rad- und Gehwegs zwischen den Ortsteilen Unterwang und Niederwang angesprochen. In der Vorwoche sei eine Frau dort gestürzt. Die Gemeinderäte beschlossen eine gemeinsame abendliche Begehung, um sich ein Bild von der Beleuchtungssituation zu machen.

● ●

Besprechungsergebnisse, Beschlüsse und Arbeitsaufträge werden normalerweise am Ende des Kurzprotokolls zusammengefasst, um es zu einer übersichtlichen Arbeitsgrundlage zu machen. Insofern ähnelt es stark dem Ergebnisprotokoll.

„Beschlossen wurde und zu erledigen ist …": das Ergebnisprotokoll

Das Ergebnisprotokoll wird geschrieben, wenn der Diskussionsverlauf als solcher gar nicht von Bedeutung ist, sondern nur die Ergebnisse einer Besprechung von Interesse sind. Hauptzweck dieses Protokolls ist es, alle wesentlichen Informationen so übersichtlich zusammenzustellen, dass sie schnell und einfach entnommen werden können.

Hier können auch Terminabsprachen, Arbeitsaufträge, Wiedervorlagen und Aufgabenverteilungen aufgeführt und (z. B. am Seitenrand) hervorgehoben werden. Redebeiträge und Kommentare werden dabei nicht als solche wiedergegeben, sondern nur zusammengefasst dargestellt, wenn sie ein konkretes Ergebnis ergeben haben (das Ergebnis kann aber auch darin bestehen, dass z. B. keine Einigung erzielt wurde oder eine Entscheidung verschoben wurde).

Das Ergebnisprotokoll hat am stärksten den Charakter einer Arbeitsgrundlage und dominiert deswegen in den normalen unternehmensinternen Sitzungen. Idealerweise umfasst es in der Endfassung nur eine Seite.

Dadurch ist es einerseits schneller zu erstellen als ein Verlaufs- oder gar Wortprotokoll. Andererseits ist es beim Ergebnisprotokoll eine Herausforderung, die wesentlichen Ergebnisse aus der vielleicht mehrstündigen Besprechung herauszufiltern und korrekt, kompakt und übersichtlich zusammenzustellen.

(das Protokoll der Gemeinderatssitzung als Ergebnisprotokoll mit dem getroffenen Beschluss)

TOP 3: Schlechte Beleuchtung des neuen Rad- und Gehwegs zwischen den Ortsteilen Unterwang und Niederwang

Beschluss: Gemeinsame Begehung des Weges, Ziel: Erkunden der Beleuchtungssituation.

To-do: Terminvereinbarung durch Herrn X bis zum 20. 5.

Manchmal wird in der Literatur das Kurzprotokoll als „noch kürzeres Ergebnisprotokoll" beschrieben. Das erscheint uns aber nicht sinnvoll, da das Ergebnisprotokoll alle wichtigen Ergebnisse enthalten soll, nicht mehr und nicht weniger. Wenn wirklich nur alles darin enthalten ist, was wichtig ist, kann und darf es nicht weiter gekürzt werden – kürzer als im vollständigen Ergebnisprotokoll geht es eben nicht, wenn es sich noch um ein Protokoll handeln soll.

Parallel erstellt: Telefon- und Aktennotizen

Die Ergebnisse wichtiger Telefon- oder Videokonferenzen werden in der Praxis häufig in einer Telefon- oder Aktennotiz festgehalten.

Für diese gibt es in der Regel Vordrucke oder unternehmensspezifische Formulare, wobei für sie generell weniger Formvorschriften gelten als für herkömmliche Protokolle. Meist werden diese während der Telefon- oder Videokonferenz oder direkt im Anschluss daran ausgefüllt.

Hier werden nur die wesentlichen Aussagen kurz und knapp festgehalten, wie Datum, Ort, Teilnehmer, Thema, Ergebnisse, verteilte Aufgaben und Unterschrift.

Ein einfaches Muster für eine Akten- bzw. Telefonnotiz finden Sie im Anhang.

Frisch vom Flipchart oder Whiteboard: das Fotoprotokoll

In manchen Sitzungen wird kreativ gearbeitet, werden Brainstormings abgehalten, Pro- und Contra-Argumente gesammelt, Mind-Maps erarbeitet, Zusammenhänge visualisiert ... Diskussionsfortschritte und -ergebnisse werden an Flipcharts, Whiteboards, Metaplan- oder Magnetwänden sichtbar gemacht. Auch in Seminaren und Workshops entstehen häufig aufmerksamkeitsstarke visuelle Gedächtnisstützen, die für die Nachbereitung sehr nützlich sein können.

Für diese Art von Besprechungen eignen sich Dokumentationen in Form von Fotos der Visualisierungen häufig besser als geschriebene Protokolle – zumindest aber können sie diese perfekt ergänzen. Der Protokollführer sollte diese Ergebnisse also fotografieren und seiner Mitschrift anfügen. Achten Sie darauf, auch Zwischenschritte, die z. B. von Whiteboards wieder gelöscht werden, aber für die Diskussion wichtig waren, zu fotografieren.

Da wir uns in den kommenden Kapiteln auf die verbalen Protokolle beschränken werden, geben wir Ihnen hier gleich ein paar Tipps zum Erstellen von Fotoprotokollen:

Tipps

- Informieren Sie sich im Vorfeld der Veranstaltung, ob mit Visualisierungen gearbeitet wird, damit Sie die Kamera mitnehmen können.
- Überprüfen Sie, ob der Akku der Kamera geladen ist und ob ausreichend Speicherplatz auf dem Speicher vorhanden ist.
- Sorgen Sie dafür, dass die Belichtung(-seinstellung) stimmt und störende Spiegeleffekte durch Fenster oder Magnetwand vermieden werden.
- Fotografieren Sie alle Notizen und Visualisierungen, und zwar in der Reihenfolge ihrer Entstehung.
- Falls Sie ein Bild erst später aufnehmen können, fotografieren Sie ein Stück leere Wand als Platzhalter und machen sich gleich eine Notiz, welcher Inhalt später an diese Stelle kommen soll.
- Wählen Sie den Bildausschnitt so groß, dass auf jeden Fall alle Inhalte im Bild sind – nachträglich beschneiden können Sie die Bilder immer noch.

Kapitel 1: Die Basics

- Achten Sie auf gerade Kanten.
- Kontrollieren Sie nach jeder Aufnahme, ob sie scharf und gerade gelungen ist. Machen Sie gegebenenfalls eine zweite Aufnahme.
- Fotografieren Sie – natürlich nur mit deren Einverständnis – auch die Teilnehmer während des Workshops, um die Arbeitsatmosphäre einzufangen.
- Bringen Sie die Bilder möglichst schnell nach der Veranstaltung auf Ihrem PC in die richtige Reihenfolge, strukturieren Sie sie gegebenenfalls durch Zwischenüberschriften und ergänzen Sie, sofern nötig, Kommentare und weitere Informationen.
- Geben Sie den Bilddateien eindeutige Namen, damit Sie die Bilder auch wiederfinden. In jedem Fall sollten der Name der Veranstaltung, das Datum und der abgebildete Inhalt im Dateinamen enthalten sein.
- Verkleinern Sie die Bilddateien, um die Datenmenge und damit die Sende- bzw. Ladezeit zu verringern.

Der „große Bruder" des Protokolls: der Bericht

In den meisten Unternehmen gehören Berichte genauso zum Arbeitsalltag wie Protokolle. Im Unterschied zum Protokoll werden Berichte aber immer nachträglich erstellt, und zwar anhand von Notizen oder aus dem Gedächtnis. Deswegen werden Berichte wie Gedächtnisprotokolle im Präteritum (1. Vergangenheit) geschrieben. Der Unterschied zum Gedächtnisprotokoll liegt aber darin, dass beim Bericht stärker die Ergebnisse als der Verlauf der Ereignisse betont und dabei zusätzliche Informationen, die sich nicht im Gespräch selbst ergeben haben, übermittelt werden.

In der Regel beziehen Berichte sich auch nicht auf interne Besprechungen, sondern auf Anlässe, die sich außerhalb des Unternehmens ergeben haben und über die Adressaten im Unternehmen informiert werden sollen.

So berichtet z. B.

→ der Außendienstmitarbeiter seinem Vorgesetzten, was der Besuch beim wichtigen Kunden ergeben hat,

→ die Einkäuferin, wie ihr Messebesuch verlaufen ist und welche Erkenntnisse und Kontakte sie dort gewonnen hat,

→ ein IT-Experte, welche Vorträge und Workshops er auf einem Kongress besucht und was er dort erfahren hat.

Ähnlich wie Protokolle dienen Berichte damit auch der Dokumentation (wer war wann wo und was hat er dort gemacht?) und als Arbeitsgrundlage (welche Erkenntnisse, Folgerungen und Folgetermine ergeben sich daraus?). Sie enthalten aber, anders als Protokolle, auch persönliche Einschätzungen und Mutmaßungen, Anregungen und sonstige Informationen, die der Berichterstatter für wichtig hält.

• •

Beispiel

(Ein Vertreter einer Bürgerinitiative für mehr Sicherheit am Ort hat an der Gemeinderatssitzung teilgenommen und schreibt einen Bericht für seine Mitstreiter.)

„GR Wenger sprach die schlechte Beleuchtung des neuen Rad- und Gehwegs zwischen den Ortsteilen Unterwang und Niederwang an und verwies auch auf den Unfall von Frau Maier letzte Woche. GR Hoferth, mit dem ich im Vorfeld gesprochen hatte, schlug eine gemeinsame abendliche Begehung des Weges vor, um sich selbst ein Bild von der Beleuchtungssituation zu machen und überzeugte damit auch Bgm. Gutlob.

Es wurde noch kein konkreter Termin vereinbart, Zuständig ist aber GR Hoferth, der uns rechtzeitig informieren wird, damit wir an der Begehung ebenfalls teilnehmen können. Wir sollten unsere Argumente und Forderungen deswegen zügig schriftlich zusammenstellen, damit wir sie bei der Begehung überreichen können."

• •

Für Berichte gibt es oft unternehmensweit standardisierte Vorlagen.

Die Vorbereitung: Was brauchen Sie, um ein gutes Protokoll zu schreiben?

Welche Fähigkeiten, Fertigkeiten und Kenntnisse muss ein Protokollführer haben? Welches „Handwerkszeug" benötigt er? Welche organisatorischen Hilfsmittel können seine Arbeit erleichtern? Und wie kann er sich persönlich auf eine anstrengende Protokollsituation vorbereiten und, falls nötig, über Stunden fit und konzentriert bleiben? Diese Fragen beantwortet das zweite Kapitel.

Was muss ein Protokollführer wissen und können?

Wer eine klassische Sekretärinnenausbildung gemacht hat, hat auch das Protokollieren gelernt, wobei dabei oft die Formerfordernisse und die Stenografiekenntnisse im Vordergrund standen. Viele Sekretärinnen und Assistentinnen sind aber Quereinsteigerinnen aus anderen Berufen, und sehr oft protokolliert heute gar nicht mehr die Sekretärin, sondern einer der Sitzungsteilnehmer – unabhängig davon, ob er eine kaufmännische oder technische Ausbildung hat.

Bei Routinebesprechungen auf Abteilungsebene wird fast immer einer der Teilnehmer damit beauftragt, nebenher das Protokoll zu führen. Bei Besprechungen auf hohen Hierarchieebenen ist dagegen immer noch die Bestellung eines hauptamtlichen Protokollanten üblich, der nicht als Teilnehmer involviert ist, sondern sich allein auf die Protokollführung konzentriert.

Wissen

Was muss man wissen, um die Aufgabe des Protokollanten gut erfüllen zu können?

→ Methodenwissen: Als Protokollant sollte man über die Vor- und Nachteile der jeweiligen Protokollarten Bescheid wissen und danach auswählen können, welche Art am besten zum Anlass passt (falls das nicht vom „Auftraggeber" vorgegeben wird).

→ Hintergrundwissen: Sie sollten sich im Vorfeld über die Teilnehmergruppe und den Grund der Zusammenkunft sowie über die Tagesordnungspunkte informieren. Auch Ihren Auftrag sollten Sie genau klären: Worum geht es in diesem Meeting? Welchem Zweck soll das Protokoll dienen? Was erwartet der Auftraggeber, was ist ihm wichtig? Wo ist besondere Aufmerksamkeit gefordert? An welchen Leserkreis richtet sich das Protokoll?

→ Fachwissen: Je nach Thema ist auch ein gewisses Maß an Fachwissen gefordert – es bringt nichts, wenn der Protokollführer der Debatte nicht folgen und Beschlüsse nicht sinnvoll zusammenfassen kann, weil er inhaltlich nicht versteht, worum es geht. Wer als Teilnehmer mitprotokolliert, wird hier meist weniger Probleme haben als ein „hauptamtlicher" Protokollant, der sich vorab in eine für ihn fremde Thematik einarbeiten und Fachbegriffe nachschlagen sollte. Je spezieller die Themen und der Teilnehmerkreis, desto mehr spricht das deswegen dafür, die Mitschrift von einem der Teilnehmer erstellen zu lassen.

→ Fremdsprachenkenntnisse: Selbstverständlich muss ein Protokollant, der eine fremdsprachliche Sitzung mitschreiben soll, über sehr gute Kenntnisse dieser Sprache verfügen. Und er muss sie nicht nur perfekt sprechen und verstehen, sondern auch mitschreiben können und in der Lage sein, eindeutige Abkürzungen zu finden und anschließend wieder zu entschlüsseln.

Office-Expertin **Tanja Bögner** rät aus ihrer Erfahrung:

Tipps

Sollte es sich um ein Protokoll handeln, in dem viele Fachbegriffe und Spezialthemen vorkommen, informieren Sie sich im Vorfeld darüber. Nützliche Informationen und Literatur finden Sie an folgenden Orten:
- in öffentliche Bibliotheken,
- in unternehmenseigenen Archiven,
- in Fachzeitschriften und anderen Publikationen (fragen Sie Ihre Kollegen aus der Fachabteilung danach) und
- inatürlich im Internet, z. B. bei Wikipedia oder in themenspezifischen Portalen.

Können

Und was muss ein Protokollführer können?

Benötigt werden vor allem Fähigkeiten und Fertigkeiten, die nicht fach-, sondern persönlichkeitsgebunden sind. Als Protokollführer sollten Sie

→ über eine gute Konzentrationsfähigkeit verfügen. Das Ziel eines Protokolls ist es, den Verlauf einer Sitzung oder zumindest die Ergebnisse der Besprechung aufzuzeichnen. Ist der Protokollant jedoch unkonzentriert, kann es schnell geschehen, dass Wortmeldungen ungenau aufgenommen, der falschen Person zugeschrieben werden oder womöglich ganz verloren gehen. Über einen längeren Zeitraum konzentriert zu bleiben ist eine echte Herausforderung. Weiter unten finden im Text finden Sie zahlreiche Tipps, wie Ihnen das gelingen kann.

→ sehr aufmerksam sein und genau zuhören. Es reicht nicht aus, nur mitzuschreiben, was gesagt wird – vielmehr geht es darum, den Sinn des Gesagten zu erfassen. Zum Beispiel vertun sich Sprecher in einer Diskussion schnell einmal in Zahlen oder Einheiten, weisen Aktionen den falschen Personen zu oder Ähnliches. Oft korrigieren sie sich dann im nächsten Teilsatz wieder. Solche Korrekturen müssen Sie natürlich mitbekommen und gleich die richtigen Werte aufschreiben.

→ die Übersicht bewahren können. Wer sagt im Meeting was? Je größer die Teilnehmergruppe ist und je weniger Sie die einzelnen Personen kennen, desto schwieriger kann es werden, die einzelnen Wortbeiträge dem richtigen Sprecher zuzuordnen.

→ Wesentliches von Unwesentlichem unterscheiden. Was muss ins Protokoll, was kann ich weglassen? Das ist eine wesentliche Frage, die Sie sich spätestens dann stellen müssen, wenn Sie Ihre Mitschrift in Reinform bringen. Scherzhafte Anmerkungen, Abschweifungen, die Wiederholung von Argumenten, um einen eigenen Beitrag einzuleiten – solche Wortbeiträge würden ein Protokoll nur unnötig aufblähen und haben daher nichts darin zu suchen.

→ schnell mitschreiben können, und zwar so, dass Sie Ihre Mitschriften am nächsten Tag noch entziffern können. Vor allem, wenn Sie ein mehrstündiges Meeting mitschreiben, sollten Sie auch die letzten Seiten noch lesen können. Alternativ können Sie die Besprechung auch gleich am Computer erfassen, dann ist eine entsprechende Tippgeschwindigkeit und -sicherheit notwendig.

Stenografiekenntnisse sind beim Mitschreiben nützlich, aber Sie können sich auch ohne Steno Notizen machen und eigene Abkürzungen verwenden.

Für die jeweiligen Teilnehmer können Sie eine Zahl oder ein Kürzel (jeweils erster Buchstabe von Vor- und Nachnamen) und für den Vorsitzenden bzw. Leiter einer Besprechung ein Sonderkürzel vergeben (z. B. KL = Klassenlehrer, Bgm = Bürgermeister, EL = Elternbeiratsvorsitzende). Die Kürzel sollten Sie jeweils in Klammern hinter den Namen in der Teilnehmerliste angeben.

Für die spätere Niederschrift des Protokolls benötigen Sie außerdem

→ die Fähigkeit, einen zunächst ungeordneten Informationsberg klar strukturieren zu können,
→ den Mut, Unnötiges zu streichen,
→ die Sprachkompetenz, aus der Niederschrift mündlicher Äußerungen gut verständliche Ausführungen in korrektem Schriftdeutsch zu erstellen, sowie
→ das Wissen, um das Protokoll in eine angemessene optische Form zu bringen.

Kapitel 2: Die Vorbereitung

Wenn Sie sich nicht sicher sind, ob Sie das Wesentliche erfasst und mit Ihren Worten korrekt wiedergegeben haben, können Sie beide Fassungen von Ihrem Partner oder einer Freundin lesen und daraufhin vergleichen lassen, ob in Ihrem Probeprotokoll alles Wichtige in verständlicher Sprache enthalten ist.

• •

Neutralität

Nicht zuletzt müssen Sie als Protokollführer Diskretion und Neutralität gewährleisten können – und das ist oft gar nicht so einfach.

Diskretion deswegen, weil nicht alles, was in einer Sitzung besprochen wird, automatisch mitprotokolliert werden und nach außen dringen soll. Manches soll ausdrücklich innerhalb der Runde bleiben, in der es besprochen wird. Dann schreiben Sie es natürlich nicht mit und erzählen auch niemandem etwas darüber, der nicht unter den Teilnehmern war. Wenn Sie sich nicht sicher sind, wie exklusiv ein bestimmter Inhalt ist, sollten Sie deswegen nachfragen („soll das ins Protokoll?"), damit Sie später keinen Ärger bekommen.

Neutralität klingt harmlos. Aber schon als hauptamtlicher, theoretisch also nicht involvierter Protokollführer ist sie nicht immer zu gewährleisten. Vielleicht wird in der Sitzung der eigene Chef samt seinem Lieblingsprojekt niedergemacht, in das er und Sie mit der gesamten Abteilung viele Arbeitsstunden gesteckt haben. Oder es wird über ein Thema diskutiert, das emotional für Sie schwierig ist, etwa Personalabbau, Sparmaßnahmen, Umstrukturierungen … da wird man schnell vom unbeteiligten zum parteiischen Zuhörer.

Wenn Sie als Teilnehmer einer Besprechung mitprotokollieren, ist es erst recht schwierig, neutral zu bleiben. Es geht ja auch um Ihre Projekte, um Entscheidungen, die Ihre Arbeit beeinflussen, und das bei Themen, in denen Sie sich selbst als Experten betrachten (dürfen) – sonst wären Sie schließlich nicht als Teilnehmer dabei.

Wenn dann kontrovers und hitzig diskutiert wird, die Teilnehmer sich ereifern, vielleicht sogar polemisch oder unfair werden oder sich beschimpfen, kommen selbst die besten Vorsätze eines Protokollanten ins Wanken. Nicht zuletzt spielen hier persönliche Sympathien und Antipathien oft eine größere Rolle, als man es sich selbst eingestehen möchte.

Wenn Sie sich als Protokollant in einer solchen Situation wiederfinden, müssen Sie sich selbst zur Ordnung rufen und sorgfältig darauf achten, trotz allem möglichst objektiv wiederzugeben, wer was zu welchem Thema gesagt hat. Auch die Gewichtung der einzelnen Aussagen sollte vergleichbar sein, nicht dass Sie den Thesen, denen Sie zustimmen, doppelt so viel Platz einräumen wie denjenigen, die Sie persönlich ablehnen.

Insbesondere beim finalen Durchlesen vor der Abgabe des Protokolls sollten Sie akribisch auf die Gleichgewichtung und Objektivität achten. Als Protokollführer sind Sie dazu verpflichtet, das ist Ihr Job. Außerdem sollten Sie nicht vergessen: Jedes Protokoll ist auch eine Arbeitsprobe, die Sie abgeben, ein Nachweis Ihres Könnens und Ihrer Professionalität. Eine Niederschrift, die für andere Leser erkennbar unausgewogen und parteiisch ist, wirft kein gutes Licht auf Sie.

Welche organisatorischen Vorbereitungen Sie treffen sollten

Je genauer Sie im Vorfeld wissen, was das Ziel der Besprechung ist, um welche Themen es geht und wer daran teilnehmen wird, umso besser können Sie sich auf Ihre Aufgabe vorbereiten und umso souveräner können Sie sie ausfüllen.

Besprechungsziel klären und Protokollart auswählen

Klären Sie zunächst das Ziel der Besprechung:

→ Handelt es sich um einen eher informellen Meinungsaustausch? Um eine Kreativsitzung, bei der vor allem Ideen gewonnen werden sollen?
→ Sollen die Teilnehmer vorrangig über bestimmte Pläne und Projekte informiert werden?
→ Oder soll ein Projekt erst entwickelt werden?
→ Werden verbindliche Beschlüsse gefasst?
→ Sollen Pläne erarbeitet, Verantwortlichkeiten und Termine vergeben werden?

Kapitel 2: Die Vorbereitung

Je nachdem, welches Ziel der Besprechung zugrunde liegt, wird sich eine andere Protokollart dafür eignen. Beim Meinungsaustausch bietet sich ein Verlaufsprotokoll an, für die Kreativsitzung ein Fotoprotokoll, für die Erarbeitung von Plänen und Aufgabenverteilungen ein Ergebnisprotokoll. Manchen Besprechungszielen (z. B. wenn Diskussion und Beschlussfassung gleichrangig sind) entspricht auch eine Kombination aus Verlaufs- und Ergebnisprotokoll am besten: Dann erstellen Sie ein Verlaufsprotokoll für die Diskussion und hängen eine Seite Ergebnisprotokoll für die gefassten Beschlüsse an. Oder Sie schreiben gleich ein Kurzprotokoll.

Manchmal wird Ihnen der Auftraggeber die Entscheidung abnehmen und Ihnen die Protokollart vorgeben.

Wenn Sie wissen, welche Art Protokoll es werden soll, können Sie vorab einen entsprechenden Protokollkopf anlegen und soweit wie möglich ausfüllen. Bei reinen Ergebnisprotokollen und Telefon- oder Aktennotizen können Sie sogar gleich die kompletten Formulare vorbereiten, in die Sie dann während der Besprechung direkt hineinschreiben – entweder elektronisch auf dem Laptop oder auf einem Papiermuster.

Praxiserprobte Muster für Protokollköpfe und Formulare für die unterschiedlichen Protokollarten sowie Telefon- bzw. Aktennotizen finden Sie im Anhang.

Teilnehmerliste beschaffen

Die Liste der Besprechungsteilnehmer bzw. derjenigen, die zur Besprechung eingeladen wurden, sollten Sie sich ebenfalls vorab besorgen. Die Namen können Sie zuvor bereits in den Protokollkopf eintragen, dann brauchen Sie bei der Besprechung selbst nur diejenigen zu markieren, die zwar eingeladen waren, aber nicht erscheinen.

Für sich selbst erstellen Sie am besten vorab eine Übersicht, in der folgende Daten zu den voraussichtlichen Teilnehmern enthalten sind:

→ Vor- und Nachnamen,
→ Titel (falls vorhanden),

→ Funktion und Position im Unternehmen bzw. außerhalb (wenn z. B. externe Berater oder der Vertreter einer Behörde eingeladen wurden)

→ sowie jeweils ein Namenskürzel, das Sie für sich selbst festlegen und das Sie während der Mitschrift verwenden können, um die einzelnen Redebeiträge schnell zu kennzeichnen.

Falls der Teilnehmerkreis größer oder sehr heterogen ist und Sie wissen, dass Beschlüsse gefasst werden sollen, erkundigen Sie sich am besten im Vorfeld, welche Teilnehmer nur informierend oder beratend tätig werden und welche beschlussberechtigt sind. Das sollten Sie ebenfalls auf Ihrer Teilnehmerübersicht vermerken, damit Sie während der Besprechung nachsehen können, wer an der Beschlussfassung mitwirken kann und wer nicht.

Wenn viele Teilnehmer dabei sind, die Sie nicht kennen, sollten Sie Namensschilder vorbereiten und am Beginn des Meetings verteilen. So können Sie bei den einzelnen Wortbeiträgen gleich erkennen, wer spricht.

Agenda zur Planung nutzen

In einem gut geführten Unternehmen bzw. Verband oder Verein findet keine Besprechung ohne Agenda statt. Eine Agenda enthält die zu besprechenden Tagesordnungspunkte in der Reihenfolge, in der sie abgearbeitet werden, sowie einen konkreten Zeitrahmen für die Gesamtdauer der Besprechung.

Diese Agenda sollten Sie im Vorfeld Ihres Einsatzes als Protokollant vorliegen haben und genau studieren. Prüfen Sie:

→ Um welche Themen geht es?

→ Inwieweit sind Sie mit diesen Themen/Projekten vertraut?

→ Welche Hintergrundinformationen benötigen Sie, um der Besprechung inhaltlich folgen zu können?

→ Mit welchen Fachbegriffen werden Sie konfrontiert werden, und wo können Sie diese nachschlagen?

Falls es um ein für Sie fremdes Fachthema geht, lohnt sich eventuell ein Gespräch mit einem Kollegen, der sich damit auskennt und der Ihnen die Zusammenhänge und Hintergründe erläutern kann.

Achtung

Wenn Sie ein Meeting mitschreiben sollen, das in einer Fremdsprache geführt wird, kann es sinnvoll sein, wichtige Vokabeln vorab noch einmal nachzuschlagen und sich mit fremdsprachigen Fachartikeln in das Thema einzulesen.

Wenn Sie wissen, dass in der Besprechung wichtige Informationen als Präsentation oder per Handout gezeigt bzw. weitergegeben werden, sollten Sie versuchen, diese bereits vorab zu erhalten. Dann können Sie sich mit ihrer Hilfe inhaltlich vorbereiten.

Falls diese Unterlagen erst kurz vor Besprechungsbeginn fertig werden, sollten Sie trotzdem darum bitten, sofort ein Exemplar bzw. einen Ausdruck zu bekommen. Dann können Sie eventuell bereits während der Besprechung darin nachschlagen, wenn Sie etwas nicht ganz mitbekommen haben, und haben sie bei der Ausarbeitung der Niederschrift garantiert zur Hand.

Anhand der Agenda können Sie auch klären, wie lange die Besprechung dauern soll sowie ob und welche Pausen vorgesehen sind. Mit diesem Wissen können Sie sich geistig besser auf die Arbeit einstellen.

Außerdem können Sie so einschätzen, ob Sie die Protokollführung in der geplanten Form durchführen können. Ist eine mehrstündige Besprechung angesetzt, die nur von kurzen Pausen unterbrochen wird und bei der Sie selbst die gesamte Zeit ein Wortprotokoll mitschreiben sollen, sollten Sie rechtzeitig Einspruch einlegen – das ist auch für erfahrene Protokollanten nicht zu schaffen. In solchen Fällen muss mindestens ein weiterer Protokollant hinzugezogen werden, mit dem Sie sich abwechseln können. Auch sollten dann ausreichend Pausen eingeplant werden.

Empfängerkreis des Protokolls klären

Eine wichtige Frage, die oft vernachlässigt wird, ist die nach den Empfängern der Mitschrift.

Oft stellen die Ergebnisse einer Besprechung auch die Arbeitsgrundlage für Mitarbeiter dar, die selbst nicht an der Besprechung teilnehmen. Das kann etwa bei einem Treffen mit einem Kunden vorkommen, bei dem zwar der Kundenbetreuer anwesend ist, nicht aber der Sachbearbeiter oder Servicemitarbeiter, der die Beschlüsse dann bearbeitet, umsetzt oder Aktionen zumindest vorbereitet. Für diese Mitarbeiter stellt das Protokoll dann eine wesentliche Informations- und Arbeitsgrundlage dar. Dann müssen Sie wahrscheinlich an einigen Stellen ausführlicher mitschreiben, als dies bei einem Protokoll der Fall ist, das ausschließlich an die Teilnehmer geht.

Soll das Protokoll auch an externe Leser verschickt werden, etwa an befreundete Unternehmen, an Mitglieder eines Dienstleisternetzwerkes oder an Berater, müssen Sie noch vorsichtiger abwägen bzw. klären, welche Inhalte enthalten sein dürfen und welche lieber nicht, welche Fachbegriffe oder interne Kürzel Sie nicht verwenden bzw. wenigstens im Text erklären sollten und wie ausführlich die Ergebnisse dargestellt werden sollen.

Fragen Sie also Ihren „Auftraggeber" vorab vorsichtshalber, wer das Protokoll im Anschluss zu welchem Zweck erhalten soll und was dabei zu beachten ist.

Welche technischen Hilfsmittel für Sie nützlich sein können

In der Praxis wird bei der Mitschrift oft mit einem Laptop gearbeitet. Voraussetzung dafür ist, dass Sie das schnelle Schreiben auf der Tastatur beherrschen – wer sich nach der „Adler-Such-Methode" vergleichsweise mühsam durch das Tastenfeld kämpft, wird am Protokollieren per Laptop nicht viel Freude haben bzw. schlicht nicht mitkommen.

Für den Fall, dass die Technik einmal ausfällt, sollten Sie jedenfalls immer einen „Plan B" in der Tasche haben: Nehmen Sie vorsichtshalber immer genügend Papier und Stifte mit, sodass Sie notfalls auch handschriftlich mitschreiben können.

Praktisch an der Laptop-Methode ist, dass Sie Grafiken, die auf einem Flipchart oder einer Metaplantafel während der Sitzung entstehen, per Handy oder Kamera fotografieren, direkt auf den Laptop schicken bzw. laden und in das Protokoll einbinden bzw. als Anlage anhängen können. Auch PowerPoint-Folien, die während der Besprechung präsentiert werden, können Sie im Anschluss gleich auf Ihren Rechner übertragen.

Nach wie vor sehr verbreitet ist aber auch die klassische Methode, bei der von Hand – mit oder (heute häufiger) ohne Stenografiekenntnisse mitgeschrieben wird. Diese Notizen werden anschließend ausformuliert und am PC geschrieben.

Besonders anspruchsvoll sind Wort- und Verlaufsprotokolle, die sehr viel Konzentration, Verständnis und Schreibarbeit verlangen. Entsprechend sorgfältig sollten Sie diese auch vorbereiten.

Tipps

Office-Expertin **Tanja Bögner** rät aus ihrer Erfahrung:

- Zum Schreiben ist liniertes oder kariertes Papier besser geeignet als rein weißes, bei dem Ihnen leicht die Zeilen „verrutschen".
- Wählen Sie Papier in DIN A4- oder DIN A5-Format von guter Qualität und mit einer glatten Oberfläche, auf der sich gut schreiben lässt.
- Beschreiben Sie die einzelnen Blätter großzügig. Lassen Sie zwischen den Zeilen und an der rechten Seite einen breiten Rand, damit Sie im weiteren Besprechungsverlauf dort Ergänzungen und Anmerkungen eintragen können.
- Beschreiben Sie die Blätter nur einseitig, das ist übersichtlicher bei der späteren Ausarbeitung des Textes.
- Verwenden Sie für jeden neuen Besprechungspunkt ein neues Blatt.
- Nummerieren Sie die Blätter fortlaufend, damit nichts durcheinander kommt.
- Nehmen Sie hochwertige Stifte, mit denen Sie persönlich gut schreiben können. Rollerballs und weiche Bleistifte sind dabei oft angenehmer als Kugelschreiber. Halten Sie immer einen Ersatzstift bereit.

Protokolle schreiben

- Wenn Sie mit Bleistift schreiben: Vergessen Sie den Anspitzer nicht!
- Denken Sie auch an Stifte in anderen Farben (z. B. Grün und Rot) und an Leuchtmarker. Mit ihnen können Sie schon während des Mitschreibens wichtige Aussagen markieren oder die Aussagen unterschiedlicher Sprecher unterschiedlich kennzeichnen, damit Sie sich bei der Ausarbeitung der Niederschrift mit der Zuordnung leichter tun.
- Nutzen Sie auch Haft- und Markierungszettel, um sich Notizen zu machen und den Überblick zu behalten.
- Nehmen Sie das letzte Sitzungsprotokoll sowie zusätzliches Informationsmaterial zu den einzelnen Tagesordnungspunkten mit. So können Sie offenen Fragen, etwa zu Beschlüssen aus dem letzten Meeting, gleich beantworten.
- Vergessen Sie nicht, die Uhr und den Kalender mitzunehmen. So haben Sie zum einen die Zeit immer im Blick und können zum anderen bei Terminfragen gleich nachschauen, an welchen Tagen es noch Lücken im Kalender gibt.

Wie im ersten Kapitel bereits erwähnt, werden Besprechungen, für die ein Wort- oder Verlaufsprotokoll angefertigt werden soll, manchmal komplett auf Band aufgezeichnet. In diesem Fall müssen Sie dafür sorgen, dass ein geeignetes und funktionsfähiges Aufnahmegerät zur Verfügung steht. Digitale Diktiergeräte haben heute eine Aufnahmekapazität von Hunderten von Stunden und speichern die Aufnahmen meist im gängigen mp3- oder mp4-Format ab.

Falls Sie die Tonaufzeichnungen auch auf dem PC speichern wollen, sollten Sie bei der Anschaffung darauf achten, dass die Datenübertragung vom Gerät auf einen PC möglich ist (das ist nicht bei jedem reinen Diktiergerät der Fall).

Überzeugen Sie sich auch von der Qualität von Aufnahme und Wiedergabe und probieren Sie die verschiedenen Einstellungen dazu aus. Bevor Sie das erste Mal mit seinem solchen Gerät arbeiten, sollten Sie einen Testdurchlauf bei einem Mittagessengespräch oder einer anderen Situation machen, in der mehrere Personen sprechen und Hintergrundgeräusche zu hören sind – nicht, dass Sie die Ausarbeitung Ihrer Niederschrift nach der zu protokollierenden Besprechung auf weitgehend unverständliches „Genuschel" stützen müssen.

Oft ist auch der Standort des Geräts für die Aufnahmequalität entscheidend. Nach Möglichkeit sollten Sie im Vorfeld der Besprechung einmal ausprobieren, ob die Aufnahme von jedem Platz im Raum gleich gut ist bzw. den besten Platz für das Gerät reservieren.

Last, but not least: Stellen Sie sicher, dass die Batterien bzw. Akkus im Gerät zu Sitzungsbeginn voll sind und packen Sie immer einen Satz Reservebatterien bzw. den Netzstecker samt Verlängerungskabel ein.

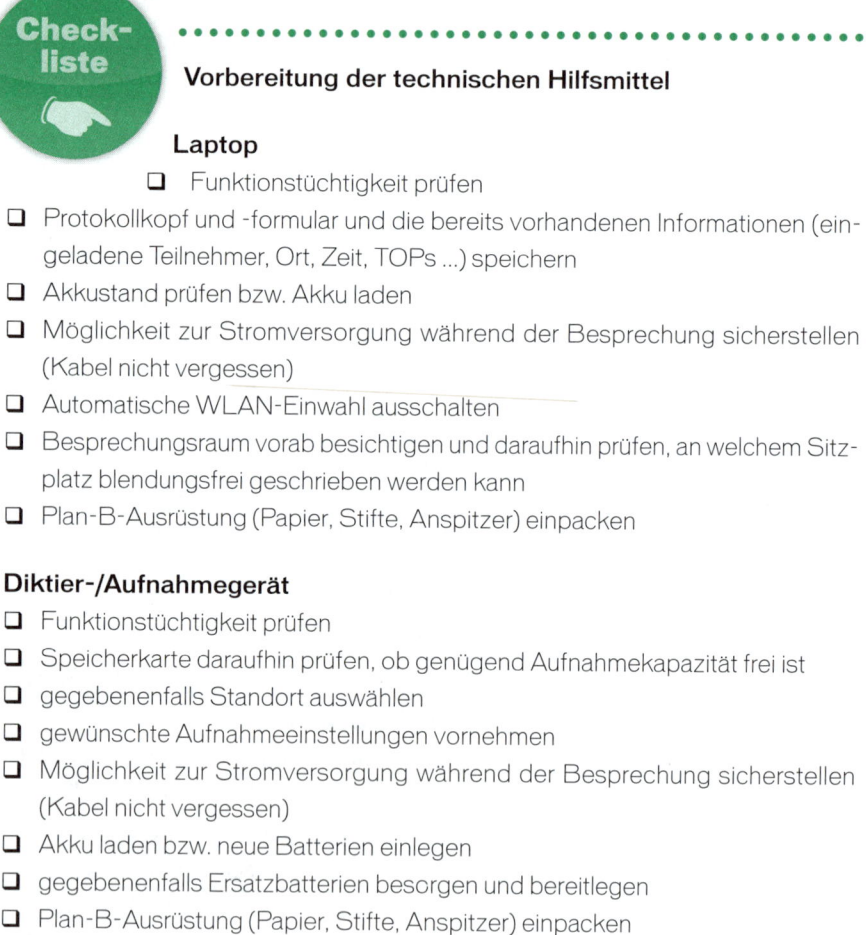

Check-liste

• •

Vorbereitung der technischen Hilfsmittel

Laptop
❏ Funktionstüchtigkeit prüfen
❏ Protokollkopf und -formular und die bereits vorhandenen Informationen (eingeladene Teilnehmer, Ort, Zeit, TOPs ...) speichern
❏ Akkustand prüfen bzw. Akku laden
❏ Möglichkeit zur Stromversorgung während der Besprechung sicherstellen (Kabel nicht vergessen)
❏ Automatische WLAN-Einwahl ausschalten
❏ Besprechungsraum vorab besichtigen und daraufhin prüfen, an welchem Sitzplatz blendungsfrei geschrieben werden kann
❏ Plan-B-Ausrüstung (Papier, Stifte, Anspitzer) einpacken

Diktier-/Aufnahmegerät
❏ Funktionstüchtigkeit prüfen
❏ Speicherkarte daraufhin prüfen, ob genügend Aufnahmekapazität frei ist
❏ gegebenenfalls Standort auswählen
❏ gewünschte Aufnahmeeinstellungen vornehmen
❏ Möglichkeit zur Stromversorgung während der Besprechung sicherstellen (Kabel nicht vergessen)
❏ Akku laden bzw. neue Batterien einlegen
❏ gegebenenfalls Ersatzbatterien besorgen und bereitlegen
❏ Plan-B-Ausrüstung (Papier, Stifte, Anspitzer) einpacken

Handschriftliche Notizen für Verlaufsprotokoll

☐ ausreichende Anzahl von Blättern bereitlegen

☐ gegebenenfalls Rand einzeichnen

☐ Blätter durchnummerieren

☐ mehrere Stifte plus gegebenenfalls Anspitzer bereitlegen sowie

☐ Textmarker und Farbstifte

☐ Protokollkopf nebst Kürzelliste vorbereiten

Handschriftliche Notizen für Ergebnisprotokoll

☐ Protokollkopf nebst Kürzelliste vorbereiten

☐ Ergebnisprotokoll-Formular mit Spalteneinteilung ausdrucken, in die man direkt hineinschreiben kann

☐ genügend Stifte plus gegebenenfalls Anspitzer bereitlegen

Wie Sie sich persönlich und mental auf das Protokollieren vorbereiten

Es ist sicher hilfreich, wenn Sie vor der Besprechung nochmals die Agenda und die Hintergrundinformationen durchgehen, die Sie gesammelt haben. Wenn es losgeht, sollten Sie diese Informationen im Kopf (vorsichtshalber auch auf Papier dabei-) haben und sich geistig darauf einstellen. Andere berufliche oder auch private Themen, die Sie beschäftigen, sollten Sie für diesen Zeitraum aus Ihren Gedanken verbannen und sich auf das Bevorstehende konzentrieren.

Wenn das Protokoll gut werden soll, müssen Sie nämlich nicht nur fachlich, organisatorisch und technisch, sondern auch persönlich gut gerüstet sein. Schließlich sollen Sie über einen längeren Zeitraum voll konzentriert bei der Sache bleiben, aufmerksam zuhören, mitdenken, bei Bedarf nachfragen und gleichzeitig mitschreiben können.

Office-Expertin **Tanja Bögner** rät aus ihrer Erfahrung:

- Gehen Sie am Tag vor der Sitzung zeitig schlafen, damit Sie bei Ihrem Einsatz als Protokollant ausgeruht sind.
- Frühstücken Sie morgens gut, damit Sie nicht plötzlich unkonzentriert sind, weil sich Hunger einstellt.
- Stellen Sie eine große Flasche stilles Mineralwasser bereit. Eventuell sollten Sie auch etwas Traubenzucker für den Notfall vorrätig halten.
- Falls die Besprechung nachmittags stattfindet, sollten Sie aber mittags nicht zu üppig und fett essen, sondern lieber zu Salat oder Gemüse greifen, damit Sie nicht gerade zu Sitzungsbeginn ins „Suppenkoma" fallen.
- Machen Sie kurz vor der Sitzung und in den Pausen eine Entspannungs- oder Atemübung, um Ihre Konzentrationsfähigkeit zu steigern.
- Bewegen Sie sich in den Pausen, z. B. indem Sie eine kleine Runde um das Gebäude machen oder eine Treppe hinauf- und hinablaufen.
- Betreten Sie den Sitzungsraum mindestens zehn Minuten vor Besprechungsbeginn, damit Sie in aller Ruhe Ihren Platz einnehmen und die Technik in Betrieb nehmen können. Sie sollten nicht atemlos auf die letzte Sekunde in den Sitzungsraum hetzen!
- Lüften Sie vor Beginn der Besprechung den Sitzungsraum gut durch, damit Sie (und die übrigen Teilnehmer) mit genügend Sauerstoff versorgt sind. Schlechte Luft macht müde!

Üben Sie sich in Gelassenheit und Selbstmotivation. Selbst wenn es sich um eine sehr, sehr wichtige Besprechung zu einem komplizierten Thema handelt, die lange dauern wird: Sie wurden zum Protokollführer ernannt, weil man Ihnen diese Aufgabe zutraut. Sie haben sich, wenn Sie die in diesem Kapitel genannten Tipps befolgt haben, rundum gut vorbereitet. Sie schaffen das!

Die Mitschrift: Wie Sie alles Wesentliche mitbekommen und aufnehmen

Sie sind nun rundum gut vorbereitet und sitzen, mit allen erforderlichen Hilfsmitteln ausgestattet, voll konzentriert in der Besprechung. Wie stellen Sie sicher, dass Sie während der gesamten Dauer fit und konzentriert bleiben? Wie komprimieren Sie die teilweise sehr langen und nicht immer stringenten Diskussionsbeiträge auf das Wesentliche? Wie stellen Sie sicher, dass Ihnen nichts Wichtiges entgeht? Wie Sie das alles schaffen, lesen Sie in diesem Kapitel.

Was Sie vor bzw. zu Beginn der Besprechung tun sollten

Sie sind, wie erwähnt, idealerweise bereits einige Minuten vor Besprechungsbeginn im Raum, den Sie gegebenenfalls noch gründlich lüften. Am besten belegen Sie einen Platz, von dem aus Sie alle Teilnehmer sowie den Moderator bzw. den jeweils Vortragenden nebst der Leinwand für die Präsentation, das Flipchart oder Whiteboard gut im Blick haben. Auch sollten Sie ausreichend Platz zur Verfügung haben, um Ihre Unterlagen auszubreiten und darin gegebenenfalls während der Sitzung noch etwas suchen zu können.

Falls Sie zusätzlich mit einem Aufnahmegerät arbeiten, platzieren Sie es so, dass es die Redebeiträge gut „einfangen" kann und für Sie leicht zugänglich ist, wenn Sie zwischendurch z. B. den Batterie-/Akkustand überprüfen wollen.

Sobald die Teilnehmer eintreffen und ihre Plätze einnehmen, sollten Sie dafür sorgen, dass Sie alle identifizieren können. Sind Teilnehmer darunter, die Sie noch nicht kennen, bitten Sie diese darum, die vorbereiteten Namensschildchen so vor sich aufzustellen, dass Sie sie von Ihrem Platz aus gut lesen können.

Sollten Ihnen unbekannte Personen dabei sein, von deren Anwesenheit Sie zuvor nicht informiert waren, bitten Sie diese, aus einem normalen Blatt Papier ein improvisiertes Namensschildchen zu basteln und für Sie gut lesbar vor sich zu platzieren. Es ist ja auch im Interesse dieser Teilnehmer, dass Sie ihre Redebeiträge richtig zuordnen und ihren Namen richtig wiedergeben.

Skizzieren Sie möglichst noch vor Beginn der eigentlichen Besprechung die Sitzordnung auf einem leeren Blatt Papier und ordnen Sie den einzelnen Plätzen die Namenskürzel der Teilnehmer zu, die dort sitzen (die Liste der Kürzel haben Sie ja bereits vorbereitet und vor sich liegen). Die Aufzeichnung der Sitzordnung kann eine wertvolle Erinnerungsstütze sein, wenn Sie später nicht mehr genau wissen, wer was gesagt hat – ach, das war die Dame in Beige links hinten? Dann war es Frau Sokolowska.

Vergessen Sie nicht zu vermerken, wenn ein Teilnehmer die Sitzung verlassen hat oder neu hinzugekommen ist. Notieren Sie sich Namen sowie Position der Person und den Zeitpunkt der Veränderung, diese Informationen sollten sich auch in Ihrem Protokoll wiederfinden.

Die eindeutige Zuordnung der Beiträge zu den einzelnen Rednern ist eine besondere Herausforderung, wenn es sich bei der zu protokollierenden Sitzung um eine Telefonkonferenz handelt, bei der Sie die Teilnehmer nicht sehen können.

Selbst wenn Sie die Teilnehmer alle persönlich kennen, werden Sie nicht immer auf Anhieb heraushören, wer gerade spricht. Deswegen muss der Besprechungsleiter bzw. Moderator zu Beginn der Telefonkonferenz alle Teilnehmer darauf hinweisen, dass sie vor jedem Wortbeitrag ihren Namen nennen müssen, damit Sie (und alle anderen) wissen, wer spricht.

Sollte das im Eifer des Gefechts vergessen werden, muss der Moderator eingreifen; tut er das nicht, sollten Sie sich umgehend melden. Das gilt natürlich erst recht, wenn die Diskussion hitziger wird und mehrere Teilnehmer durcheinander sprechen. Dann gehen Sie so vor:

- Bitten Sie darum, dass alle, die an diesem Durcheinander mitgewirkt haben, der Reihe nach ihre Argumente wiederholen,
- schreiben Sie ganz normal mit,
- lesen Sie anschließend vor, was Sie notiert haben, und
- fragen Sie, ob Sie alles vollständig und richtig wiedergegeben haben.

Sobald der Besprechungsleiter oder -moderator die Besprechung offiziell eröffnet, notieren Sie auf dem Protokollkopf die genaue Uhrzeit. Während er noch die Begrüßungsworte spricht, prüfen Sie, welche Teilnehmer nun tatsächlich anwesend sind und haken sie auf Ihrer Teilnehmerliste ab bzw. heben sie im bereits vorbereiteten Protokollkopf hervor. Sobald Teilnehmer entschuldigt fehlen, wird der Besprechungsleiter das ebenfalls erwähnen, damit Sie es notieren können. Sollte jemand unentschuldigt fehlen, machen Sie sich dazu eine Anmerkung. Möglicherweise ist auch eine Vertretung gekommen, deren Namen und Funktion Sie natürlich auch festhalten. Damit haben Sie den ersten wichtigen Punkt buchstäblich abgehakt.

Falls der erste Redner gleich ein Handout austeilt, das Sie vorab nicht beschaffen konnten, sorgen Sie natürlich dafür, dass ein Exemplar bei Ihnen landet.

Soll die Besprechung zusätzlich mit einem Aufnahmegerät aufgezeichnet werden, muss der Besprechungsleiter vorab das Einverständnis der Anwesenden einholen – das ist auch das erste, was Sie protokollieren! Erst wenn alle einverstanden sind und das durch Handzeichen oder mündliche Zustimmung kundgetan haben, schalten Sie das Gerät ein und überzeugen sich davon, dass es einwandfrei läuft.

Wie Sie alles Wesentliche mitbekommen

Sobald die Besprechung begonnen hat, sollten Sie sich voll auf denjenigen Teilnehmer konzentrieren, der jeweils gerade spricht, und diesen währenddessen auch ansehen.

Notieren Sie das Kürzel des Sprechers sofort, mehr aber nicht.

Zunächst geht es nur ums Zuhören: Warten Sie die ersten Sätze ab, um herauszufinden, was derjenige inhaltlich sagen will. Es ist ein typischer Anfängerfehler, sofort drauflozuschreiben (aus lauter Angst, man könnte etwas versäumen), um dann festzustellen, dass der Redner zunächst nur Bekanntes wiederholt oder einen anekdotischen oder humoristischen Einstieg in seine Präsentation gewählt hat, der zwar nett anzuhören ist, aber keinen Erkenntnisgewinn bringt.

Überlegen Sie bei jedem Redeabschnitt:

→ Was hat er/sie jetzt eigentlich zu welchem Thema gesagt?
→ Haben Sie inhaltlich und akustisch alles verstanden, was gesagt wurde?
→ Was davon ist so wichtig, dass es festgehalten werden muss?
→ Welche Formulierung war so prägnant, dass Sie sie möglichst wörtlich mitschreiben sollten? Wofür genügen Stichworte?
→ Welche Art Aussage war es – eine Information, ein Vorschlag, eine Frage, eine Kritik?
→ Welche Auswirkungen hat die Aussage für die anderen Besprechungsteilnehmer?
→ Mündet der Beitrag in ein Ergebnis: einen Beschluss, ein To-do, einen Termin? Dann notieren Sie es auf jeden Fall.

● ●

Tipp

Office-Expertin **Tanja Bögner** rät aus ihrer Erfahrung:

Mir ist es schon einige Male passiert, dass ein Redner zu schnell und zudem noch so undeutlich gesprochen hat, dass ich rein akustisch nicht verstanden habe, was er gesagt hat. Das ist natürlich sehr unangenehm, aber als Protokollantin darf ich das nicht einfach übergehen, sondern muss nachhaken.

Deswegen mein Rat:
Falls Sie Schwierigkeiten haben, einen Redner zu verstehen, sollten Sie sich nicht scheuen, sich gleich zu melden und ihn freundlich darum zu bitten, das Gesagte noch einmal lauter und deutlicher zu wiederholen. Wenn Sie es nicht verstanden haben, ist es anderen Teilnehmern wahrscheinlich auch so gegangen sein – und die verlassen sich dann vermutlich darauf, dass sie wenigstens hinterher im Protokoll nachlesen können, was nun gesagt wurde.

● ●

Oft ist es nützlich, bereits bei der Mitschrift mit Hervorhebungen zu arbeiten, etwa mit Farben, denen Sie eine feste Bedeutung zuordnen.

● ●

Beispiel

Rot	besonders wichtig, Beschluss, Entscheidung, To-do
Gelb	nachhaken/nachfragen, mit Daten aus Präsentation ergänzen
Grün	Kürzel (wer spricht?), Zitate

● ●

Sobald sich der nächste Teilnehmer zu Wort meldet, notieren Sie sein Kürzel über oder (in der Randspalte) neben dem, was Sie als nächstes mitschreiben. So vermeiden Sie „herrenlose" Zitate und Inhalte, bei denen Sie später nicht mehr wissen, von wem sie stammen. Trennen Sie die Mitschriften zu den einzelnen Wortbeiträgen bzw. TOPs optisch deutlich, damit die Zuordnung bei der Nachbearbeitung eindeutig möglich ist.

Es kann auch vorkommen, dass sich im Laufe einer Besprechung herausstellt, dass vorher Gesagtes nicht die Bedeutung hat, die der Sprecher ihm zugemessen hat bzw. dass es durch neue Erkenntnisse oder Beschlüsse an Bedeutung verloren hat. Dann blättern Sie am besten zurück und streichen es gleich (mit einem entsprechenden Vermerk in der Randspalte), damit Sie sich bei der Nachbearbeitung nicht unnötigerweise damit befassen müssen.

Auch wenn Sie in Ihren Mitschriften blättern und Zuordnungen oder Streichungen vornehmen, sollten Sie mit einem Ohr immer dem weiteren Besprechungsverlauf folgen, damit Ihnen nichts Wichtiges entgeht. Wenn das Wort „Beschluss" oder „Abstimmung" fällt, sollten Sie sofort aufmerken, denn dann werden Ergebnisse produziert, die in jeder Protokollart eine wichtige Rolle spielen. Notieren Sie also:

→ An welcher Stelle der Diskussion gab es einen Beschluss? Dieser wird in aller Regel wortwörtlich mitgeschrieben.
→ Wer war dabei stimmberechtigt?
→ Haben alle Stimmberechtigten mitgestimmt?
→ Was hat die Abstimmung ergeben?
→ Wie waren die Mehrheitsverhältnisse?
→ Welches To-do/welcher Termin/welche Verantwortlichkeit ergibt sich aus dem Beschluss?

Wie Sie das Wichtige aus dem Redewust herausfiltern

Nicht jedem ist es gegeben, prägnant und packend zur Sache sprechen zu können. Manche Besprechungsteilnehmer formulieren so weitschweifig und redundant, dass man ihre Sätze wie eine russische Matrioschka-Puppe auseinanderschachteln muss, um zu ihrem Inhalt zu gelangen (der dann oft erstaunlich klein ausfällt). Dann dampfen Sie als aufs Wesentliche konzentrierter Protokollant den Inhalt entsprechend ein:

Wörtlich gesagt wird:

„Also, ehrlich gesagt, finde ich diese ganze Diskussion völlig überflüssig. Das sind doch nur Scheingefechte. Da kommt am Ende eh nichts bei raus. Es werden wieder Gelder und Ressourcen verschwendet, um am Ende festzustellen, dass sich der ganze Aufwand wieder nicht gelohnt hat. Warum machen wir nicht einfach Nägel mit Köpfen, haken die ganze Sache ab und starten endlich mit dem neuen Projekt?"

So könnte Ihre Mitschrift lauten:

„(Kürzel) Diskussion ist überflüssig, will Projekt starten (Nägel mit Köpfen)."

Im Verlaufsprotokoll formulieren Sie dann:

„Herr Wichtig äußert seine Bedenken über den Mehrwert der laufenden Diskussion und plädiert dafür, das neue Projekt zu starten."

Im Kurzprotokoll:

„Herr Wichtig plädiert dafür, das neue Projekt zu starten."

Im Ergebnisprotokoll

schreiben Sie gar nichts dazu, es sei denn, es kommt zu einer Abstimmung über den Projektstart – da zählen Sie die Stimme von Herrn Wichtig mit.

Andere Teilnehmer drücken sich so expertensprachlich und/oder abgehoben aus, dass ein „normaler" Leser oder einer, der mit dem Thema nicht vertraut ist, kaum versteht, was sie meinen. Dann sind Sie als eine Art Übersetzer gefragt – eine Aufgabe, die Sie nur leisten können, wenn Sie thematisch und sprachlich fest im Sattel sitzen.

Die Rednerin sagt wörtlich:

„Meines Erachtens nach ist nicht zu vernachlässigen, dass der A-priori-Kenntnisstand der Projektbeteiligten ein völlig anderer

Kapitel 3: Die Mitschrift

war. Unter Abwägung aller Fakten und der gegebenen Umstände wären wir zu einer anderen Aufgabengewichtung und zu anderen Einzelfallentscheidungen gelangt – insofern halte ich es für inadäquat, uns a posteriori die Verantwortung für die Nichterfüllung der Projektziele zuzuweisen."

So könnte Ihre Mitschrift lauten:
„(Kürzel) lehnt Verantwortung für Projektscheitern ab, Grund: bei Projektbeginn nicht genügend Info für richtige Aufgabengewichtung und Entscheidungen."

Im Verlaufsprotokoll formulieren Sie dann:
„Frau Komplitz betont, dass ihr Team beim Projektstart nicht genügend Informationen gehabt habe, um die Aufgaben richtig zu gewichten und zielführende Entscheidungen zu treffen. Deswegen lehne sie die Verantwortung für das Scheitern des Projekts ab."

Im Kurzprotokoll:
„Frau Komplitz betont, dass der unzureichende Informationsstand zu Projektbeginn zum Scheitern geführt hat, und weist deshalb die Verantwortung dafür zurück."

Im Ergebnisprotokoll
schreiben Sie dazu nichts, denn es handelt sich um kein Besprechungsergebnis (es sei denn, das Ziel der Besprechung bestand hauptsächlich darin, diese Verantwortung zu klären).

• •

Und was tun Sie, wenn Sie beim besten Willen nicht herausfinden können, was der Sprecher nun eigentlich sagen wollte?

Auch dann gilt: So unangenehm es sein mag – heben Sie die Hand und fragen Sie nach: „Verzeihung, ich bin mir nicht sicher, ob ich den Inhalt Ihres Beitrags richtig erfasst habe. Habe ich Sie so richtig verstanden: Sie sagten, dass Sie zu Projektbeginn nicht genügend Informationen hatten, um die richtigen Entscheidungen zu treffen?"

Wieder andere Teilnehmer nutzen jede Besprechung als Bühne, auf der sie ihre Bedeutung und ihre Erfolge zur Schau stellen. Auch sie konzentrieren sich in ihren Wortbeiträgen selten aufs Wesentliche.

Der Redner sagt wörtlich:

„Meine Abteilung hat die gesamten Prozesse neu konfiguriert und auf Effizienz getrimmt. Ich habe persönlich jeden Meilenstein abgenommen und kann Ihnen heute sagen, dass unsere Anstrengungen von Erfolg gekrönt waren:
Wir haben unsere Planzahlen nicht nur erfüllt, nein, wir haben sie sogar übererfüllt: Statt der Einsparungen in Höhe von 125.000 Euro haben wir Einsparungen von 131.224 Euro erzielt, das sind fast 5 Prozent mehr, und darauf, meine lieben Kolleginnen und Kollegen, bin ich sehr stolz!"

So könnte Ihre Mitschrift lauten:

„(Kürzel) Einsparungen von 131.224 € statt 125.000 € erreicht (5 % mehr, „Ziele übererfüllt"), ist stolz darauf."

Im Verlaufsprotokoll formulieren Sie dann:

„Herr Blumig unterstreicht, dass seine Abteilung ihre Sparziele übererfüllt und mit rund 131.000 Euro fast fünf Prozent mehr eingespart habe als die geplanten 125.000 Euro."

Im Kurzprotokoll:

„Herr Blumig gibt bekannt, dass seine Abteilung fünf Prozent mehr eingespart hat, als geplant war.

Im Ergebnisprotokoll:

„Sparziel in Abteilung X wurde um 5 Prozent übertroffen (131.000 € statt 125.000 €)."

Sie sehen: Wenn Sie auch bei blumigen Wortbeiträgen nicht nervös werden, sondern erst genau zuhören und dann in Ruhe entscheiden, was der relevante Inhalt war, werden Sie mit dem Mitschreiben gut mitkommen. In Notfällen hilft es, zu unterbrechen und nachzufragen.

Allerdings gibt es auch Situationen im Leben eines Protokollanten, in denen es unklug wäre, die nichtssagenden, abgehobenen oder blumigen Ausführungen des Redners mit kühlem Blick auf das Wesentliche zu reduzieren. Dann nämlich, wenn Sie es mit einem Redner in sehr gehobener Position zu tun haben (etwa dem Vorstand oder Geschäftsführer Ihres Unternehmens oder dem Vorsitzenden Ihres Vereins).

Er oder sie könnte es übel vermerken, wenn Sie so nüchtern den Kern des Gesagten herausschälen, gerade, wenn es um unerfreuliche Botschaften geht, die doch so kunstvoll verschleiert werden sollten. Dann sollten Sie zwar immer noch erkennen, was das Wesentliche ist, aber bewusst etwas sprachlichen Zierrat dranlassen.

Beispiel

Die Vorstandsvorsitzende sagt wörtlich:

„Die Situation auf den Märkten stellt sich derzeit so dar, dass aufgrund der sich abkühlenden Weltkonjunktur und der politisch ungünstigen Bedingungen die Nachfrage sich nicht gemäß unseren optimistischeren Szenarien entwickelt. Wir sind derzeit gut aufgestellt, und wir wollen es auch bleiben, deswegen sind gewisse Anpassungen, auch im Personalbereich, unumgänglich."

Diese Aussage bedeutet im Wesentlichen:

„Es wird Entlassungen im größeren Stil geben!"

Das schreiben Sie lieber nicht so unverblümt ins Protokoll.

Eine diplomatische Formulierung könnte hier lauten:

„Frau Dr. Obermaier schildert die derzeit schwierigen weltwirtschaftlichen Rahmenbedingungen und kündigt entsprechende Anpassungen an, die auch den Personalbereich betreffen werden."

• •

Übrigens: Gar nicht so selten kommt es in Besprechungen vor, dass ein TOP so kontrovers diskutiert wird, dass dazu keine Einigung erzielt wird. Oder eine Entscheidung wird verschoben, weil dafür benötigte Informationen fehlen oder erst weitere Experten angehört werden sollen. Es kann also passieren, dass ein Tagesordnungspunkt nicht ordentlich abgearbeitet wird.

Das heißt aber nicht, dass Sie ihn dann im Protokoll souverän übergehen können. Nein, wenn das Ergebnis der Diskussion ist, dass keine Einigung erzielt oder die Entscheidung vertagt wird, dann ist eben dieses das wesentliche Ergebnis der Besprechung – und das schreiben Sie selbstverständlich auf.

Was Sie guten Gewissens weglassen können

Wenn Sie als Protokollant sich auf das Wesentliche konzentrieren sollen, bedeutet das automatisch, dass Sie Unwesentliches weglassen müssen (es sei denn, Sie schreiben ein Wortprotokoll, in sich tatsächlich jede Äußerung wiederfinden soll).

Aber was ist im Sinne des Protokolls unwesentlich? Wo dürfen Sie mutig Lücken lassen?

→ Einfach ist diese Entscheidung bei allem, was nur der Auflockerung und Unterhaltung dient: humorvolle Einleitungen, persönliche Anekdoten, Kabbeleien, Witze – nichts davon brauchen Sie mitzuschreiben.

→ Auch weniger freundliche Elemente wie kritische Zwischenrufe („Das stimmt doch gar nicht!") oder persönliche Angriffe und Streitereien gehören nicht ins Protokoll. Ins Verlaufsprotokoll können Sie auch nach längerem „Gezicke" lapidar schreiben, dass Herr M die Sichtweise des Vorredners nicht teilt. Im Ergebnisprotokoll hat derartiges sowieso keinen Platz.

→ Dasselbe gilt für alles, was keine neuen Inhalte transportiert, sondern bereits Gesagtes nur wiederholt oder noch etwas ausschmückt. Dann notieren Sie höchstens für ein Verlaufsprotokoll, dass sich Herr X der Meinung von Frau Y anschließt bzw. ihre Ausführungen bestätigt.

→ Ein Redner schweift vom Thema ab, kommt vom Hölzchen aufs Stöckchen, und am Ende ist nicht erkennbar, was das mit dem Thema auf der Agenda zu tun hat? Dann dürfen Sie es ebenfalls getrost weglassen.

Andere Situationen sind weniger eindeutig.

Was sollen Sie beispielsweise tun, wenn die Diskussion sich von einem vorgesehenen TOP weg entwickelt, sich dadurch aber auf ein (ungeplantes) Thema zu bewegt, das von anderen Anwesenden als so wichtig betrachtet wird, dass sie darauf einsteigen?

Dann sollten Sie doch lieber mitschreiben – spätestens dann, wenn sich daraus Beschlüsse und To-dos ergeben. Wenn Sie sich nicht sicher sind, fragen Sie den Besprechungsleiter, ob Sie diese Inhalte als Zusatz-TOP ins Protokoll aufnehmen sollen.

Manchmal werden Sie beim Zuhören auch das Gefühl haben, eigentlich Wichtiges bleibe ungesagt. Eine Rednerin ergeht sich vielleicht in Andeutungen, die viele Interpretationen zulassen („Wenn wir nicht umsteuern, könnte das problematisch werden!"), ein anderer äußert sich so knapp, dass die Bedeutung seiner Botschaft verhallt („Der Umsatz ist um 11 Prozent gesunken.") Dann sind Sie beim Mitschreiben vielleicht versucht, hier etwas nachzubessern und das Gesagte zu pointieren oder zu dramatisieren.

Das dürfen Sie als Protokollant aber nicht. Ihre Aufgabe ist es, festzuhalten, was gesagt und beschlossen wurde, nicht das, von dem Sie finden, es hätte gesagt werden sollen oder es sei vielleicht nicht gesagt worden, aber so gemeint gewesen.

Nicht vergessen: Protokollieren heißt, Gesagtes zu komprimieren, nicht aber, es zu interpretieren!

Umgekehrt kann es auch vorkommen, dass im Laufe einer Besprechung persönliche Erfahrungen und Meinungen ausgetauscht werden und heikle Probleme zur Sprache kommen, die nicht jeden späteren Leser etwas angehen. Dann können die Teilnehmer der Besprechung durchaus entscheiden: „Das kommt nicht ins Protokoll, das bleibt unter uns!" Dann halten Sie sich selbstverständlich an diesen Beschluss.

Woher wissen Sie am Ende der Besprechung, ob Sie alles Wichtige mitbekommen haben?

Am einfachsten ist das, wenn der Besprechungsleiter alle Ergebnisse und To-dos am Ende nochmals zusammenfasst. Oft werden Sie ihm Ihr Protokoll nach der Niederschrift ohnehin zum Durchlesen geben, damit er entscheiden kann, ob alles aus seiner Sicht Wesentliche enthalten ist oder noch etwas ergänzt werden sollte.

Wie Sie während der ganzen Besprechung fit und konzentriert bleiben

Dass Sie möglichst nicht völlig übermüdet und nach dem Verspeisen einer Vier-Käse-Pizza in die Sitzung gehen sollten, haben Sie ja schon gelesen. Andererseits werden Sie sich auch nicht gut konzentrieren können, wenn Ihr Körper Hunger oder Durst signalisiert. Gerade das Trinken ist wichtig, um während längerer Besprechungen die Konzentration halten zu können. Eine Tasse Kaffee schadet dabei sicher nicht (fünf vermutlich schon eher), aber vorrangig sollten Sie Mineralwasser und Saftschorle wählen.

In den Besprechungspausen sollten Sie als erstes die Fenster öffnen, denn in einem überheizten, sauerstoffarmen Raum kann sich niemand gut konzentrieren.

Wenn es Ihnen irgendwie möglich ist, sollten Sie zudem versuchen, sich in der Pause an der frischen Luft zu bewegen. Schon fünf Minuten, in denen Sie zügig „um den Block" laufen, sorgen für Erholung, bessere Durchblutung und mehr Konzentrationsfähigkeit. Wenn das nicht geht, können Sie vielleicht wenigstens ein paar Dehnübungen machen oder zügig eine Treppe hinauf- und hinuntersteigen, um den Kreislauf wieder in Schwung zu bringen.

Gibt es als Pausenverköstigung Kaffee und Kekse, müssen Sie nicht enthaltsam bleiben – aber übertreiben Sie es nicht. Besonders gut eignet sich Obst als Pausensnack.

Grundsätzlich ist es natürlich leichter, aufmerksam bei der Sache zu bleiben, wenn Sie das Thema der Besprechung persönlich interessant finden und wenn lebhaft debattiert wird als wenn es um ein für Sie dröges Thema geht und die Redner sich in monotoner Weitschweifigkeit ergehen. Dann hilft nur Strenge mit sich selbst und Treue zu Ihren Leitfragen:

→ Worum geht es gerade?
→ Was ist der Inhalt des Wortbeitrags?
→ Ist er für das Protokoll von Bedeutung?

Sie sind ein Profi, Sie lassen sich nicht von der Langeweile besiegen.

Office-Expertin **Tanja Bögner** rät aus ihrer Erfahrung:

Sie können Ihre Konzentration für das Protokollieren auch trainieren, indem Sie zum Beispiel eine Radiosendung anhören, ihre Inhalte mitprotokollieren und versuchen, so viel wie möglich wörtlich wiederzugeben.

Auch falls Sie schnell aus Ihrer Konzentration gerissen werden, etwa wenn Teilnehmer verspätet kommen oder früher gehen, weil ein Handy klingelt oder sonst eine Störung eintritt, können Sie trainieren, gedanklich besser bei der Sache zu bleiben. Wenn Sie Kinder haben, wird Ihnen das leicht fallen, denn dann haben Sie daheim ein perfektes Trainingsgelände. Andernfalls können Sie beispielsweise einen Brief schreiben, während das Radio läuft oder das offene Fenster die Straßengeräusche hereinträgt.

Sie werden sehen: Mit etwas Übung werden Sie diese Störfaktoren einfach ausblenden und sich auf Ihre Aufgabe konzentrieren.

Bianca Marinelli ist seit 2007 Chefarztsekretärin in der Evangelischen Elisabeth Klinik in Berlin.

Welche Rolle spielen Protokolle in Ihrem Arbeitsalltag?
Bei meinem früheren Arbeitgeber musste ich zwei Sitzungen pro Woche protokollieren.
Heute schreibe ich Protokolle nur noch ein paar Mal im Jahr, wenn mein Chef Besprechungen mit Fachkollegen über medizinische Buchprojekte hält. Aber ich lese täglich Protokolle, die für ihn hereinkommen, damit ich sie zusammenfassen und ihn über die Inhalte informieren kann.

Kapitel 3: Die Mitschrift

Welche Arten von Protokollen schreiben Sie? In welchem Umfang?
Früher musste ich wöchentlich Wortprotokolle schreiben, das war heftig. Später wurde das geändert, dann schrieb ich Verlaufsprotokolle. Da war ich schon froh, denn die Wortprotokolle waren sehr anstrengend und bis zu zehn Seiten lang. Heute schreibe ich nur noch Ergebnisprotokolle, die normalerweise eine Seite umfassen.

Welchen Zwecken dien(t)en diese Protokolle?
Protokolle dienen nicht nur der Dokumentation, sondern sind wichtige Arbeits-grundlagen. Die Ergebnisprotokolle sind die Grundlage für den konkreten Pro-jektplan, mit dem ich die weiteren Arbeitsschritte und Termine steuere.

Welche Hilfsmittel setzen Sie zum Protokollieren ein?
Ganz früher habe ich noch mit dem Stenoblock oder handschriftlich protokolliert, aber seit in meiner damaligen Firma die ersten Laptops aufkamen, also etwa seit 2001, schreibe ich direkt an der Tastatur mit. Ich habe mir dazu auch eigene For-mulare angelegt, damit ich z. B. den Kopf nicht jedes Mal neu schreiben muss.

Was finden Sie schwierig am Protokollieren, was gefällt Ihnen gut?
Grundsätzlich finde ich Protokolle spannend, denn man erfährt nie so viel über das, was im Unternehmen oder in einem Projekt passiert, als wenn man eine Sit-zung dazu protokolliert oder auch das – gute – Protokoll einer Sitzung liest. Am Anfang war es schwierig, als ich die medizinischen Fachausdrücke nicht verstan-den habe, aber die kenne ich inzwischen alle.
Ansonsten liegen die größten Herausforderungen beim Protokollieren für mich darin, wenn es mal hoch hergeht und alle durcheinander reden. Dann muss ich die Herren schon mal freundlich-energisch stoppen, weil ich sonst keine Chance habe, mitzukommen. Manchmal bin ich mir auch nicht sicher, ob etwas, das ge-rade diskutiert wird, ins Protokoll soll. Dann frage ich eben nach.

Und wie halten Sie die Konzentration über längere Sitzungen hinweg?
Für mich ist es wichtig, viel zu trinken. Ich habe immer eine Literflasche stilles Wasser dabei. Und wenn ich irgendwann merke, ich kann mich absolut nicht mehr konzentrieren, dann frage ich, ob wir nicht eine kurze Pause machen kön-nen.

Das ist gar kein Problem, dann trinken die Teilnehmer eben einen Kaffee, und ich gehe draußen im Krankenhausgarten ein paar Minuten an die frische Luft. Dann geht es wieder. Es hat ja niemand etwas davon, wenn die protokollierende Assistentin schlapp und unkonzentriert ist.

Ich finde, da sollten die Sekretärinnen ruhig ein bisschen selbstbewusster auftreten! Mir ist aber durchaus bewusst, dass das nicht in jeder Position problemlos möglich ist.

Wann und wie lange bereiten Sie die Protokolle nach?

Die Wortprotokolle habe ich direkt während der Sitzung geschrieben. Der Text wurde parallel an die Wand gebeamt, damit die Teilnehmer mitlesen konnten. Am Ende der Sitzung habe ich sie per E-Mail verschickt.

Bei den Verlaufsprotokollen musste ich danach die Rückmeldungen abwarten, wenn Teilnehmer noch etwas geändert haben wollten. Das habe ich dann eingearbeitet und das Protokoll endgültig fertiggestellt.

Heute schreibe ich meine Ergebnisprotokolle am liebsten gleich nach der Sitzung, noch am selben Abend oder am nächsten Morgen. Ich versuche, das so zeitnah wie möglich zu machen, wenn ich alles noch im Kopf habe. Das dauert meist etwa eine Stunde.

Welche Tipps haben Sie für Nachwuchs-Protokollführer?

Sie sollten gut zuhören können und den Mut haben, nachzufragen, wenn sie etwas nicht verstehen. Man muss cool bleiben können, wenn die Diskussion hitzig wird.

Für mich ist ein gutes Protokoll eines, in dem alles drinsteht, was man wissen muss, aber nicht mehr, und das bitte in guter, fehlerfreier Sprache. Da bin ich vielleicht empfindlich, aber mich stören Rechtschreibfehler beim Lesen von Protokollen kolossal, und ich finde, nachdem es heute die Rechtschreibkorrektur gibt, müssen die auch nicht sein. Ich freue mich jedenfalls immer, wenn ich ein gutes Protokoll lese.

Wie viele Protokolle, die Sie lesen, entsprechen diesen Anforderungen?

Etwa die Hälfte.

Was Sie sofort am Ende der Besprechung tun sollten

Bald haben Sie es geschafft, die Besprechung nähert sich ihrem Ende.

Wenn Sie einen tüchtigen Besprechungsleiter haben, fasst er nun nochmals die wesentlichen Ergebnisse „fürs Protokoll" zusammen. Wenn Sie noch gelbe Markierungen in Ihren Mitschriften haben (für „nachfragen/klären"), sollten Sie Ihre Fragen sofort stellen, bevor der Besprechungsleiter das Ende der Veranstaltung verkündet und die Teilnehmer den Raum verlassen. Alles, was Sie jetzt klären, macht Ihnen später kein Kopfzerbrechen mehr.

Richten sich alle Fragen nur an einen Teilnehmer, werden Sie natürlich nur diesen bitten, Ihnen noch ein paar Minuten zur Verfügung zu stehen, damit Sie seine Beiträge richtig wiedergeben können.

Ansonsten ist es nun Ihre Aufgabe, die Vollständigkeit aller benötigten Informationen sicherzustellen:

Check-liste

Beschaffen Sie alle benötigten „externen" Unterlagen:

❑ Fotografieren Sie den letzten Stand der Ergebnistafeln, Flipchart- oder Whiteboard-Skizzen ab.

❑ Bitten Sie um die Überlassung bzw. Zusendung von Präsentationsfolien.

❑ Sammeln Sie je ein Exemplar aller im Laufe der Besprechung ausgeteilten Unterlagen ein.

❑ Schalten Sie gegebenenfalls das Aufnahmegerät aus und nehmen es an sich.

Prüfen Sie Ihre eigenen Mitschriften:

❑ Sind alle – fortlaufend nummerierten – Blätter da?

❑ Haben Sie zu jedem TOP ein Ergebnis notiert?

❑ Haben Sie zu jedem Ergebnispunkt alle To-dos, Beschlüsse, Termine und Verantwortlichkeiten notiert?

❑ Haben Sie zu jedem Teilnehmer auf der Liste notiert, ob er da war oder ob er entschuldigt oder unentschuldigt gefehlt hat?

❑ Sind alle noch offenen Fragen geklärt – sofern für die Beantwortung keine weitergehende Recherche erforderlich ist?

Die Niederschrift: So wird aus Ihren Notizen ein gut lesbarer Text

Bis aus Ihrer Mitschrift ein druckreifes Protokoll wird, müssen Sie noch einige Arbeitsschritte machen: Sie müssen Ihre Aufzeichnungen sortieren, strukturieren, sie niederschreiben, durch Zusatzmaterial ergänzen, sprachlich überarbeiten und stilistisch polieren. Wie Sie das am besten tun und worauf Sie dabei achten sollten, lesen Sie im vierten Kapitel.

Planen Sie ausreichend Zeit für die Überarbeitung Ihrer Mitschrift ein

Nach der Besprechung sollten Sie möglichst schnell mit der Reinschrift des Protokolls beginnen. Es wird Ihnen wesentlich leichter fallen, Ihre Mitschrift zu übertragen, solange Ihnen der Verlauf der Sitzung und die besprochenen Themen mitsamt den ausgetauschten Argumenten noch präsent sind. Je komplexer das Thema ist, desto zügiger sollten Sie das Protokoll schreiben. Ist Ihre Erinnerung erst einmal verblasst, brauchen Sie nicht nur viel mehr Zeit für das Protokoll, es wird am Ende auch weniger genau oder gar fehlerhaft sein.

Im Idealfall beginnen Sie noch am selben Tag damit, die Besprechung nach- und die Niederschrift vorzubereiten. Das ist aber nicht immer möglich, etwa wenn eine Sitzung bis spät in den Abend dauert. Dann ist es besser, wenn Sie sich am nächsten Morgen ausgeruht an die Aufgabe machen.

Tipp

Wenn Sie bei einer Sitzung für die Protokollführung eingeteilt sind, reservieren Sie sich in Ihrem Kalender nicht nur die Zeit für die Besprechung und die inhaltliche sowie die organisatorische Vorbereitung, sondern daran anschließend auch gleich die Zeit, die Sie für die Erstellung des Protokolls voraussichtlich benötigen werden.
Denken Sie daran, einen ausreichenden Zeitpuffer einzuplanen – Sie wissen nicht, welchen Verlauf die Besprechung nimmt und ob sie zum geplanten Zeitpunkt wirklich endet. Das hat aber erheblichen Einfluss auf den Aufwand, den Sie für die Niederschrift ansetzen müssen.

Wie viel Zeit Sie vorab veranschlagen sollten, um ein Protokoll zu erstellen, lässt sich nicht pauschal sagen. Der Aufwand hängt von folgenden fünf Faktoren ab:

1. Welche Art Protokoll wird verlangt?

Wort- oder Verlaufsprotokolle erfordern bei der Ausarbeitung viel mehr Zeit als Kurz- oder Ergebnisprotokolle. Nicht nur, dass Sie alles, was gesagt wurde, nachlesen oder -hören und aufschreiben müssen, in der Regel ist es zudem erforderlich, das Gesagte sprachlich zu polieren, wie Sie es im ersten Kapitel im Abschnitt über die Arbeit der Bundestagsstenografen gelesen haben. Das gesprochene Wort ist in aller Regel nicht geeignet, um eins zu eins in die Schriftsprache übernommen zu werden. Also sollten Sie einkalkulieren, dass Sie das Gesagte umformulieren, kürzen, zusammenfassen und glätten müssen, bevor Sie es niederschreiben. Mehr dazu lesen Sie in Kapitel 5.

Bei einem Verlaufsprotokoll können Sie zwar kürzer und freier formulieren, müssen die Inhalte aber komprimieren und das Gesagte zudem möglichst nah an der ursprünglichen Formulierung in die indirekte Rede setzen. Je nachdem, wie sicher Sie diese grammatisch korrekt bilden können, ist dies mehr oder weniger aufwendig.

Beim Kurzprotokoll können Sie immerhin noch stärker kürzen und Ihre eigenen Worte verwenden.

Am einfachsten und schnellsten ist ein Ergebnisprotokoll zu erstellen. Selbst eine stundenlange Diskussion kann in der Niederschrift nur eine Zeile Text erfordern, wenn sich alle Teilnehmer am Ende auf ein Ergebnis einigen. Vor allem, wenn Sie Beschlusse, To-dos etc. schon während des Mitschreibens markieren bzw. nur diese festhalten, benötigen Sie für die endgültige Ausarbeitung eines Ergebnisprotokolls nicht viel Zeit. In der Regel soll ein Ergebnisprotokoll nur eine, höchstens zwei Seiten umfassen. Die sind natürlich schneller geschrieben als die zehn oder 20 Seiten, die ein Verlaufsprotokoll umfassen kann.

2. Wie lang ist das Meeting und wie viele Personen sind aktiv daran beteiligt?

Klar, je länger das Meeting ist, desto mehr Themen stehen auf der Agenda bzw. umso ausführlicher werden wenige Themen besprochen. Damit wächst der Umfang des Protokolls und der Aufwand, es zu erstellen – insbesondere, wenn es sich um Wort- oder Verlaufsprotokolle handelt.

Auch die Anzahl der aktiv Diskutierenden bestimmt über die Komplexität der Besprechung und damit über die Dauer der Bearbeitung: Besteht die Besprechung vor allem aus einer Präsentation, über die hinterher zwei oder drei Leute kurz sprechen, haben Sie damit wesentlich weniger Arbeit als nach einer intensiven und kontroversen Diskussionsrunde mit einem Dutzend höchst aktiver Teilnehmer.

3. Ist ein Korrekturlauf notwendig?

Wenn das Meeting in einer Fremdsprache abgehalten wurde, sollten Sie etwas mehr Zeit für die Überarbeitung einplanen. Denn auch wenn Sie sehr gut z. B. Englisch oder Französisch sprechen, müssen Sie damit rechnen, die exakte Schreibweise von Fachbegriffen doch nachschlagen zu müssen oder einen extra Korrekturlauf einzulegen.

Auch bei einem Protokoll in der Muttersprache kann es sinnvoll sein, etwas zusätzliche Zeit für einen Korrekturlauf vorzusehen. Es ist ein altbekanntes Phänomen, dass derjenige, der einen Text schreibt, seine eigenen Rechtschreib- und Grammatikfehler nicht mehr sieht. Wenn Sie wissen, dass ein sehr wichtiges Protokoll an externe Partner verschickt wird, ist es ein Zeichen von Professionalität, einen Kollegen um einen Korrekturlauf zu bitten.

Das gilt natürlich erst recht, wenn Sie gelegentlich etwas unsicher in Sachen Rechtschreibung, Zeichensetzung und Grammatik sind.

4. Wie ist die Besprechung verlaufen?

Ein Tagesordnungspunkt nach dem anderen wurde im Meeting brav und plangemäß abgearbeitet – das ist natürlich der Idealfall. Leider ist der in der Praxis eher selten.

Oft läuft es nämlich ganz anders: Da springen die Teilnehmer von einem Thema zum anderen, Argumente, die zu einem ganz anderen Tagesordnungspunkt gehören, werden nachgeschoben, eine Diskussion flammt während der Besprechung immer wieder auf, einer der Teilnehmer hat während einer Pause ein paar Fakten recherchiert, die er nun noch einreicht, usw. „Tragen Sie das doch bitte noch beim TOP 3 nach", lautet dann oft die Aufforderung des Moderators an den Protokollanten.

Selbst wenn es Ihnen gelungen ist, die Gedankensprünge der Teilnehmer immer auf den richtigen Protokollblättern festzuhalten, gilt es nach solch turbulenten Treffen, die Notizen zu sichten, zusammengehörende Argumente zu sortieren, Nachträge einzufügen, Dopplungen zu streichen und bei Widersprüchlichem nachzuhaken. Das kostet Zeit.

● ●

Tipp

Wenn Sie sich beim Protokollieren mit anderen Kollegen abgewechselt haben, sollten Sie sich untereinander unbedingt „kurzschließen", bevor Sie mit der Niederschrift beginnen.
Überprüfen Sie, ob ein anderer Protokollant möglicherweise etwas notiert hat, das zu den Tagungsordnungspunkten gehört, die Sie nun in die Reinschrift bringen.

● ●

5. Benötigen Sie noch Material, Freigaben & Co.?

In vielen Fällen werden Sie zunächst einmal eine Rohfassung des Protokolls erstellen. Zwar können Sie sofort Ihre eigenen Aufzeichnungen aufarbeiten, aber oft müssen Sie auf Unterlagen von Teilnehmern warten, etwa auf Präsentationsfolien oder Tabellen, auf die sich Ihre Notizen beziehen.

Bei Wort- und Verlaufsprotokollen müssen Sie Ihre Fassungen noch von den Teilnehmern freigeben lassen, bevor Sie die endgültige Fassung erstellen und verteilen können. Eventuell ist es auch notwendig, die Mitschriften mehrerer Protokollanten abzugleichen und zusammenzufassen. Am längsten kann es dauern, mögliche Konflikte rund um das Protokoll zu lösen, wenn etwa ein Teilnehmer steif und fest behauptet, er habe dieses oder jenes auf keinen Fall

Kapitel 4: Die Niederschrift

gesagt (Sie haben es aber wörtlich mitgeschrieben) oder er habe etwas anderes auf jeden Fall gesagt, von dem in Ihren Aufzeichnungen aber nichts zu finden ist.

Wenn absehbar ist, dass Sie das Protokoll nicht in einem Durchlauf erstellen können, sollten Sie nicht nur möglichst zeitnah einen zweiten Termin für die Endbearbeitung in Ihren Kalender eintragen, sondern auch die Teilnehmer, deren Unterlagen oder Freigaben Sie benötigen, um eine Lieferung zu einem festen Abgabetermin bitten. Fragen Sie so lange hartnäckig nach, bis Sie alle Unterlagen vorliegen haben.

Tipp

Ein Ergebnisprotokoll nach einem normalen Meeting sollten Sie zeitnah an die Teilnehmer verschicken. Da das Protokoll in der Regel noch vom Besprechungsleiter oder sogar von mehreren Personen geprüft, gegebenenfalls ergänzt und unterschrieben werden muss, kann die Ausarbeitung einige Tage in Anspruch nehmen. Die Prüfung sollte jedoch nicht zu lange dauern. Setzen Sie am besten einen kurzfristigen Abgabetermin dafür an.

Wenn Sie noch Unterlagen oder Freigaben anfordern oder ein umfangreiches Wortprotokoll anlegen müssen, sollte das Protokoll nach spätestens einer Woche fertig sein, damit die Inhalte noch nachvollziehbar sind.

So erstellen Sie einen Rohentwurf

Sehr oft werden Sie mehr als eine Fassung Ihres Protokolls erstellen müssen. Gerade bei Wort- oder Verlaufsprotokollen, aber nach langen Sitzungen auch bei Ergebnisprotokollen, ist es üblich, eine Rohfassung an alle Teilnehmer zu schicken und darum zu bitten, die darin festgehaltenen Äußerungen freizugeben sowie die Beschlüsse zu bestätigen.

Sortieren Sie Ihre Unterlagen

Um die Niederschrift möglichst schnell und flüssig ausformulieren zu können, sollten Sie im ersten Schritt Ihre Unterlagen in die richtige Reihenfolge bringen. Hier macht es sich bezahlt, wenn Sie Ihre Blätter während der Besprechung durchnummeriert haben. Aber möglicherweise wurden bei einzelnen Punkten noch Argumente und Fakten nachgeschoben, die Sie nun auf einem gesonderten Notizzettel oder einer anderen Seite stehen haben.

Lesen Sie sich also noch einmal Ihre Mitschrift durch und bringen Sie alle thematisch zusammengehörenden Inhalte in die richtige Reihenfolge. Sinnvoll kann es bei sehr umfangreichen Notizen und nach chaotischen Sitzungen sein, mit farbigen Stiften und/oder Symbolen zu arbeiten, mit denen Sie am Rand markieren können, was wozu gehört.

• •

Tipp

Nutzen Sie die erste Durchsicht auch gleich dafür, Unterbrechungen etc. optisch hervorzuheben, etwa wenn Teilnehmer die Sitzung verlassen haben oder neu hinzugekommen sind oder wenn zwischendurch Beschlüsse gefasst wurden.
Denn diese Fakten müssen Sie in ein Wort- und Verlaufsprotokoll und eventuell auch in ein Ergebnisprotokoll extra aufnehmen.

• •

Bringen Sie als nächstes Struktur in die Sache: Fassen Sie jene Abschnitte zusammen, die dasselbe Thema behandeln. Kontrollieren Sie, ob Sie Äußerungen von Personen bündeln können, die zu unterschiedlichen Zeitpunkten gefallen sind, aber inhaltlich zusammengehören.

Die inhaltliche Reihenfolge Ihrer Mitschrift ist in großen Teilen bereits durch die Protokollart festgelegt. Bei Wort- und Verlaufsprotokollen gibt der Ablauf der Besprechung die Struktur vor – hier übernehmen Sie die Äußerungen der Teilnehmer in der Reihenfolge in Ihre Niederschrift, in der sie getroffen wurden.

Bei einem Ergebnisprotokoll ist die Einteilung des Protokolls nach Tagesordnungspunkten sinnvoll und üblich. Damit können Sie sich in der Regel an der Tagesordnung orientieren, es sei denn, der tatsächliche Ablauf des Meetings ist erheblich vom geplanten abgewichen. Im letzteren Fall werden Sie Ihre Mitschriften umsortieren, um sich am realen Verlauf zu orientieren.

Unter Umständen kann es auch sinnvoll sein, das Protokoll nach den wichtigsten Inhalten zu ordnen. Das kann etwa dann der Fall sein, wenn das Protokoll an einen Entscheidungsträger geht, der nicht selbst am Meeting teilgenommen hat und sich schnell über die wesentlichen Inhalte informieren will. Dann gilt für die Struktur: das Wichtigste zuerst, das Nachrangige danach (auch wenn die tatsächliche Reihenfolge der TOPs eine andere war).

Achtung

Ein Tagesordnungspunkt wurde gestrichen? Auch diese Information gehört in ein Protokoll! Sonst kann bei einem Vergleich zwischen Einladung, Tagesordnung und Protokoll schnell Verwirrung aufkommen.

Legen Sie alles Material bereit, das Sie benötigen

→ Wenn Sie während des Treffens Fotos gemacht haben, speichern Sie diese auf Ihren Rechner. Vergeben Sie eindeutige Bild- und Ordnernamen, damit Sie später nicht nach den richtigen Dateien suchen müssen.

→ Wenn Sie ein Wort- oder Verlaufsprotokoll erstellen und das Meeting aufgezeichnet wurde, legen Sie sich den Mitschnitt bereit, um im Zweifelsfall schnell darauf zugreifen zu können.

→ Sortieren Sie alles, was Sie am Besprechungsende eingesammelt haben, thematisch zu den passenden TOPs: Folien, Statistiken, Handouts …

→ Notieren Sie sich auf einem gesonderten Blatt, welche Unterlagen, Abbildungen und Informationen Sie noch benötigen und von wem Sie diese jeweils erhalten. So entsteht nebenbei eine Liste der Kollegen, von denen

Sie noch Material brauchen und mit denen Sie sich deswegen zeitnah in Verbindung setzen müssen.

→ Beschaffen Sie sich gleich diejenigen Informationen, die Sie problemlos selbst organisieren können, etwa Daten, die Sie sich vom Unternehmensserver oder aus dem Internet herunterladen können.

Tipp

Im Idealfall erhalten Sie das gesamte Material unmittelbar nach der Besprechung – und noch bevor Sie sich an die Reinschrift des Protokolls machen. Da PowerPoint-Präsentationen, Tabellensheets und Ähnliches ja meist während des Meetings gezeigt wurden und nur an Sie weitergeleitet werden müssen, sollte das für die Kollegen kein Problem darstellen.

Schreiben Sie das Ergebnisprotokoll

Ein Ergebnisprotokoll lässt sich in der Regel schnell erstellen. Im Idealfall haben Sie Beschlüsse in Ihren Notizen bereits markiert, dann müssen Sie sie nur noch heraussuchen und abschreiben. Wenn in Ihrem Protokoll To-dos enthalten sind, sollten für jeden Punkt die wichtigen drei Fragen beantwortet sein:

→ Was ist zu tun?
→ Wer ist verantwortlich?
→ Bis wann muss es erledigt sein?

Achten Sie auch darauf, ob Teilnehmer während der Besprechung Einwände eingebracht haben, die im Protokoll aufgenommen werden sollten. In diesen Fällen ist es sinnvoll, gleichlautende Äußerungen von verschiedenen Personen zusammenzufassen: „Herr Meier, Frau Müller, Herr Schulze stimmen gegen den Vorschlag, Begründung: Sie befürchten steigende Kosten."

Je nach Empfängerkreis kann es darüber hinaus sinnvoll sein, einzelne besprochene Punkte näher auszuführen, etwa um bestimmte Beschlüsse mit Informationen zu unterfüttern und so den Kollegen, die nicht an der Besprechung teilgenommen haben, die Zuordnung zu bestimmten Vorgängen zu erleichtern.

Formulieren Sie Wort- und Verlaufsprotokoll aus

Bei Wort- und Verlaufsprotokollen haben Sie zwei Möglichkeiten für das weitere Vorgehen.

→ Möglichkeit 1: Sie schreiben erst einmal alles in der Form nieder, wie es gesagt wurde. Der Vorteil ist, dass Sie so relativ schnell alles erfassen und sich dann nach und nach an die Überarbeitung machen können. Besonders nach langen Sitzungen und bei sehr umfangreichen Mitschriften zu komplexen Themen bietet es sich an, zunächst alles nach Band bzw. nach Ihren Stenoaufzeichnungen aufzuschreiben.
Sonst besteht schnell die Gefahr, dass Ihnen die Besprechung nicht mehr ganz präsent ist, wenn Sie Notizen bearbeiten, die Sie am Ende der Sitzung gemacht haben. Es wird Ihnen dann eventuell schwerer fallen, die Atmosphäre zu vermitteln. Im zweiten Schritt bringen Sie Wortbeiträge dann in eine angemessene sprachliche Form.

→ Möglichkeit 2: Sie überarbeiten Ihr Protokoll gleich beim Niederschreiben. Dazu lesen Sie sich Ihre hand- oder maschinenschriftlichen Notizen durch und/oder hören den Mitschnitt ab. Dann formulieren Sie die Wortmeldungen gleich um und schreiben nur diese geglätteten Sätze nieder.
Der Vorteil ist, dass Sie sich so einen Arbeitsschritt sparen können – auch wenn Sie den Text am Ende noch einmal gründlich gegenlesen sollten. Allerdings ist dies ein anstrengender Weg. Bis Sie zu den letzten Notizseiten kommen, kann eine Weile vergehen. Das gleichzeitige Umformulieren sollten Sie daher eher dann wählen, wenn das Protokoll nicht zu umfangreich ist.

Ebenso wenig lässt sich die Frage pauschal beantworten, ob Sie vom Band abtippen oder nur bei Bedarf den Mitschnitt abhören sollten, wenn Sie sich ansonsten auf Ihre Mitschrift auf dem Papier verlassen. Dies ist sicherlich auch eine Frage des Geschmacks und der Gewohnheit. In jedem Fall können Sie das Band nutzen, um Ihrer Erinnerung auf die Sprünge zu helfen.

Fügen Sie Foto- und sonstiges Material an

Bei der Erarbeitung der Rohfassung sollten Sie sich im ersten Durchlauf nur auf den Text konzentrieren. Für Fotos und anderes Material fügen Sie am besten zunächst einmal Platzhalter ein, statt sich sofort mit der Bildbearbeitung, Tabellengrößen oder Ähnlichem zu beschäftigen.

Erst wenn Sie den ersten Textentwurf komplett erstellt haben, suchen Sie die Bilder und Daten heraus, bearbeiten sie gegebenenfalls und fügen sie an der entsprechenden Stelle ein. Vergessen Sie nicht, die Daten mit einer entsprechenden Bildunterschrift und gegebenenfalls einer Quellenangabe zu versehen.

Sollten Sie sehr viele Fotos, Tabellen, Grafiken etc. benötigen, kann es sinnvoll sein, diese in einen gesonderten Anhang zu verschieben. Setzen Sie dann im Text jeweils einen Verweis zum Materialanhang. Damit erleichtern Sie es dem Leser, das Wesentliche zu erfassen, und bieten ihm gleichzeitig einen schnellen Zugriff auf die weiterführenden Informationen.

So haben wir es in diesem Buch übrigens auch gemacht: Statt in jedem Kapitel wieder einen Protokollkopf oder ein Protokollformular zu zeigen, haben wir die Muster – nebst sprachlichen Hilfen wie einer Konjugationstabelle und einer Grammatikübersicht – in den Anhang ausgegliedert.

Polieren Sie dann Sprache und Stil

Das gesprochene Wort ist etwas völlig anderes als die geschriebene Sprache. Mündlich vernachlässigen wir die Grammatik manchmal, verwenden umgangssprachliche Begriffe, fügen „mhm", „ähs" und andere Füllsel ein („sag ich mal"). Wenn dann die Diskussion über ein umstrittenes Thema hochkocht, werden Satzbau und Grammatik schnell mal „zerkocht". So kann es passieren, dass Sie in Ihren Mitschriften und Aufzeichnungen verschachtelte Bandwurmsätze, unvollständige Sätze, solche ohne, mit einem falschen oder falsch gebeugten Verb finden, daneben umgangssprachliche Ausdrücke, sprachlich schiefe Bilder, falsche Vergleiche und so weiter.

Hören Sie sich einmal die Aufzeichnung einer Besprechung aufmerksam an – würde das gesprochene Wort eins zu eins in Schriftsprache übertragen, wäre das Ergebnis unlesbar.

Wenn Sie die Reinschrift eines Wortprotokolls anfertigen, müssen Sie also sprachliche Fehler ausmerzen. Das ist eine Gratwanderung, denn zum einen müssen Sie so nah wie möglich an dem bleiben, was tatsächlich gesagt wurde, zum anderen müssen Sie dafür sorgen, dass der Leser Ihres Protokolls den Sinn des Gesagten nachvollziehen kann und Ihren Text nach Möglichkeit auch noch gern liest. Nicht zuletzt geht es darum, das Ansehen der Besprechungsteilnehmer zu schützen – schließlich ist es eine Sache, sich beim mündlichen Vortrag mal zu verhaspeln, und eine andere, das dadurch möglicherweise entstandene Sprachchaos Schwarz auf Weiß zu lesen zu bekommen.

Lösen Sie Bandwurmsätze auf

Am häufigsten werden Sie vermutlich verschachtelte Sätze entwirren müssen.

Beispiel •

Der Sprecher sagt:

„Der Messestand, den – äh – also am Mittwoch haben wir den aufgebaut und am Donnerstag schon war die Trennwand, die

Trennwand rechts schon beschädigt, ganz unten, da hatte sich schon der Rahmen gelöst – das konnten wir dann auch nicht mehr vor Messebeginn reparieren. Das sollten wir schon reklamieren, finde ich."

● ●

Das ist ein Satz, wie er so oder so ähnlich in einer Besprechung ausgesprochen werden kann, der aber in dieser Form nicht ins Protokoll sollte.

● **Beispiel**

Im Wortprotokoll könnte diese Aussage so wiedergegeben werden:
Herr Schmidt: „Am Mittwoch haben wir den Messestand aufgebaut und schon am Donnerstag war die rechte Trennwand unten beschädigt, da hatte sich der Rahmen gelöst. Das konnten wir dann auch nicht mehr vor Messebeginn reparieren. Das sollten wir schon reklamieren, finde ich."

Im Verlaufsprotokoll:
„Herr Schmid erinnert daran, dass die Trennwand des Messestands bereits einen Tag nach dem Aufbau beschädigt gewesen sei. Dies habe das Messeteam vor Messebeginn nicht mehr reparieren können. Deswegen spricht er sich für eine Reklamation aus."

Im Ergebnisprotokoll (falls entsprechend entschieden wurde):
„Reklamation des Messestands wegen Beschädigung der Trennwand. Zuständig: Herr Schmid. Termin: bis zum nächsten Vertriebsmeeting."

● ●

Um die Sätze in Ihrem Text schön schlank und leicht verständlich zu halten, sollten Sie sich an folgende Punkte halten:

Streichen Sie Überflüssiges. In der gesprochenen Sprache gibt es viele Elemente, die zwar überflüssig sind, im Dialog aber überhaupt nicht weiter auffallen. Im Gegenteil, sie tragen dazu bei, dass das Gespräch lebendig ist. Dazu gehören etwa scherzhafte Anmerkungen, Hinweise wie „zurück zum Thema" oder Füllwörter wie „also", „nämlich" und so weiter. In der Schriftsprache hat all dies nichts zu suchen, deshalb können Sie sie im Verlaufsprotokoll einfach streichen.

Beim Wortprotokoll sollten Sie dagegen vorsichtig sein. Zustimmung, Ablehnung, Zwischenrufe – all dies muss sich auch im Wortprotokoll wiederfinden. Hier müssen Sie gründlich abwägen, bevor Sie etwas streichen. Im Zweifelsfall belassen Sie die Aussage im Text.

Machen Sie häufiger mal aus einem Satz zwei (oder drei …), um die Verständlichkeit zu verbessern. Je länger und verschachtelter ein Satz ist, desto schwieriger wird es, ihn zu verstehen.

Tipp

Ein Satz mit einem Nebensatz ist noch verständlich, beim zweiten Nebensatz leidet schon die Lesbarkeit:

Verschachtelt und daher schwer verständlich ist z. B.:
„Ich präsentierte das Muster dem Kunden A, der davon sehr angetan war und eine größere Bestellung ankündigte, sobald die offenen Fragen rund um den Rabatt geklärt sind."

„Entschachtelt" und daher besser verständlich ist:
Ich präsentierte das Muster dem Kunden A. Dieser kündigte eine größere Bestellung an, sobald die Fragen zum Rabatt geklärt sind."

Schreiben Sie aktiv und abwechslungsreich

→ Um dem Leser die Lektüre angenehm zu machen, formulieren Sie möglichst immer im Aktiv. Natürlich bedeutet das nicht, dass in Ihrem Protokoll kein einziger Satz im Passiv vorkommen soll. Allerdings haben Passivkonstruktionen einen entscheidenden Nachteil: In ihnen muss nicht zwingend ein Akteur genannt werden. Deswegen verschleiern sie häufig die Verantwortlichkeit. Im Satz „Der Vorgang wird bearbeitet" ist nicht klar, wer nun eigentlich etwas tut. Hingegen ist „Frau Schulze bearbeitet den Vorgang" eine klare Aussage. Im Protokoll, insbesondere wenn es um Arbeitsaufträge geht, sollten Sie den Verantwortlichen immer genau benennen. Dazu sind aktive Formulierungen am besten geeignet.

→ Ebenso sollten Sie Substantivierungen vermeiden, also Verben, die als Substantive benutzt werden. Sie erkennen sie an der Endung „-ung". Dann entstehen Sätze wie: „Wir geben die Ankündigung für die Veranstaltung morgen raus." statt „Wir kündigen die Veranstaltung morgen an." Solche Formulierungen wirken bürokratisch und steif. Für den Leser ist Ihr Text viel angenehmer zu lesen und leichter zu verstehen, wenn Sie Verben tatsächlich als Verben benutzen.

→ Sorgen Sie für sprachliche Abwechslung. Sätze, die immer gleich aufgebaut sind, sind sehr langweilig und ermüden den Leser. Variieren Sie daher im Protokoll den Satzbau.

→ Für mehr sprachliche Abwechslung können Sie auch mithilfe von sogenannten Synonymen sorgen. Das sind Worte, die sich untereinander austauschen lassen, ohne dass sich der Sinn maßgeblich verändert. Synonyme für „Auto" sind beispielsweise die Begriffe „Kfz"; „Pkw" und „Wagen". Um Synonyme zu finden, bietet Microsoft Word eine eigene Funktion (unter dem Namen „Thesaurus"), es gibt aber auch entsprechende Websites und Bücher, die Sie nutzen können. Suchen Sie nach treffenden Formulierungen, mit denen Sie den Inhalt des Gesagten am besten wiedergeben können.

→ Variieren Sie die Einleitungsformeln. Es ist sehr mühsam, ein Protokoll zu lesen, in dem jeder Satz mit „Herr Meier sagt …" und „Frau Müller sagt …" beginnt. Vor allem die Einleitungsformeln bereiten aber oft Schwierigkeiten. Wie viele Begriffsalternativen (Synonyme) zu „sagen" kennen Sie? Im Anhang finden Sie Listen mit Einleitungswörtern, die Sie für unterschiedliche Situationen nutzen können.

Mit den verschiedenen Varianten können Sie nicht nur für Abwechslung in Ihrem Protokoll sorgen, sondern auch die Stimmung einer Besprechung einfangen und wiedergeben. Es ist beispielsweise ein Unterschied, ob Sie schreiben „Herr Meier spricht über die Bedeutung von …" oder „Herr Meier unterstreicht die Bedeutung von …". Noch wichtiger sind solche Unterschiede, wenn die

Zustimmung oder Ablehnung durch Besprechungsteilnehmer ausgedrückt werden soll. Vergleichen Sie die folgenden Aussagen: „Herr Müller lehnt den Vorschlag ab." und „Herr Müller verwahrt sich gegen diesen Vorschlag."

Achtung

Eine turbulente Sitzung können Sie mit solchen Einleitungen besser festhalten als mit Standardformulierungen. Allerdings ist hier auch Vorsicht angebracht: Mit den Einleitungsformulierungen interpretieren Sie immer Äußerungen, Gestik und Mimik der Besprechungsteilnehmer. Daher müssen Sie mit Einspruch rechnen, wenn Sie bei einem Kollegen beispielsweise einen temperamentvollen Einwurf oder Widerspruch notieren, sich der Kollege aber so falsch verstanden fühlt oder ihm sein Ausbruch im Nachhinein unangenehm ist.

Sie sehen, dass Sie mit Ihrer Wortwahl die Aussage des Protokolls steuern können. Deshalb ist hier Fingerspitzengefühl gefragt. Wägen Sie ab, für welchen Beitrag und für welchen Teilnehmer welche Formulierung angemessen ist. Achten Sie darauf, dass Sie als Protokollant keine Wertung einfließen lassen, und denken Sie daran, dass Sie zur Neutralität verpflichtet sind. Einleitungsformeln wie „Herr Meier entschied, …" sollten Sie nur dann wählen, wenn Herr Meier tatsächlich auch Entscheidungsbefugnis hat.

Tipp

Wenn Sie mit der ersten Niederschrift fertig sind, lesen Sie sich den Text noch einmal durch und achten Sie besonders darauf, ob der Inhalt logisch geordnet, nachvollziehbar und verständlich geschrieben ist.

Wenn Sie sich unsicher sind, geben das Protokoll einer Person, die nicht an der Sitzung teilgenommen hat, und bitten Sie diese um eine Einschätzung. So stellen Sie sicher, dass auch komplizierte Sachverhalte verständlich formuliert sind.

Sobald Sie mehr als ein reines Ergebnisprotokoll schreiben, müssen Sie davon ausgehen, dass die Niederschrift nebst der sprachlichen Nachbearbeitung mindestens ebenso lange dauern wird wie die Besprechung selbst. Vielleicht auch etwas länger.

●●●

Ceyhun Heptaygun ist stellvertretender Tourenführer in der Leitstelle der Berliner Feuerwehr

Müssen Feuerwehrleute etwa auch Protokolle schreiben?
Ja, zumindest diejenigen, die an Dienstbesprechungen teilnehmen, also die Tourenführer – so heißen bei uns die „Abteilungsleiter" – und ihre Stellvertreter sowie die Kollegen, die das IT-System betreuen. Aber ich gebe zu, ich fand das am Anfang gewöhnungsbedürftig.
Es ist auch keine sehr beliebte Arbeit. Manche Kollegen kommen zu den Besprechungen extra etwas später, damit sie nicht protokollieren mussen. Aber das nutzt nichts, denn das geht bei uns reihum.

Wie oft schreiben Sie Protokolle und zu welchen Anlässen?
Mich trifft es sechs- oder siebenmal im Jahr. Das sind dann meistens Besprechungen mit zwölf bis 15 Teilnehmern, die zwei bis drei Stunden dauern.
Themen sind z. B. die Gestaltung der Einsatzpläne bei Großveranstaltungen, organisatorische oder technische Fragen, Änderungen unserer Systemsoftware, aber auch aktuelle Probleme wie etwa der Krankenstand, die Auslastung der einzelnen Touren oder Führungsthemen.

Welche Arten von Protokollen erstellen Sie?
Meistens sind es Ergebnisprotokolle, manchmal auch so etwas wie kurze Verlaufsprotokolle, bei denen ich zusätzlich festhalte, wer was zu welchem Thema gesagt hat.

Kapitel 4: Die Niederschrift

Welche Hilfsmittel nutzen Sie?

Eigentlich keine, zum Mitschreiben nur einen Block und einen Kugelschreiber. Für die Ausarbeitung gibt es bei uns ein Formular mit Protokollkopf und tabellarischer Einteilung für die TOPs.

Wie lange arbeiten Sie an der Ausarbeitung des eigentlichen Protokolls? Und was passiert anschließend damit?

Meistens gehe ich mit zehn oder zwölf Seiten Mitschriften aus der Besprechung. Ich brauche dann rund vier Stunden für die Ausarbeitung, die etwa sechs Seiten Protokoll ergibt. Dabei achte ich darauf, die TOPs deutlich voneinander zu trennen und das, was in der Schlussrunde gesagt wurde, jeweils zu den passenden Abschnitten zu ergänzen.

Anschließend liest es meine Frau Korrektur, und zwar vor allem auf Sprache und Verständlichkeit hin. Danach gebe ich es an meinen Vorgesetzten, der manchmal noch etwas inhaltlich ergänzt.

Das fertige Protokoll geht an alle Führungskräfte, wobei es teilweise nur zur Information dient, teilweise aber auch als Arbeitsgrundlage, etwa wenn wir Beschlüsse zur Diensteinteilung oder zu bestimmten Abläufen gefasst haben.

Was finden Sie schwierig am Protokollieren?

Inhaltlich ist es für mich nicht schwierig, denn ich bin in den Themen ja drin, kenne die Zusammenhänge, Abläufe, Fachbegriffe und Abkürzungen.

Kompliziert finde ich aber, dass ich als Teilnehmer der Besprechung und Protokollant zwei Rollen ausfüllen muss. Ich kann nicht gut gleichzeitig reden, Feedback abwarten und mitschreiben. Da notiere ich dann auch nur Stichpunkte.

Das Ausformulieren finde ich auch nicht immer einfach. Es soll ja verständlich sein und so formuliert, dass beim Leser ankommt, was gemeint ist. Und das ist nun mal keine Arbeit, die ich täglich mache.

Welchen Rat haben Sie für einen Nachwuchs-Tourenführer in Sachen Protokollführung?

(lacht) Keinen. Ein Feuerwehrmann ist ein cooler Typ, der fragt so etwas nicht. Außerdem schreibt bei uns niemand gern Protokolle, deswegen beschwert sich auch keiner, wenn einmal etwas nicht so perfekt ist.

Setzen Sie die indirekte Rede gekonnt ein

Eine besondere Herausforderung für viele Protokollanten stellt die indirekte Rede dar, die im Verlaufsprotokoll gefordert ist. Denn während Sie im Wortprotokoll das Gesagte in direkter Rede wiedergeben, müssen Sie im Verlaufsprotokoll sprachlich offenlegen, dass Sie Äußerungen und Standpunkte anderer Personen niedergeschrieben haben.

Achtung

Beschlüsse stehen immer in der direkten Rede!
„Herr Wagner endscheidet, dass das Marketingbudget für das kommende Jahr um 10 Prozent aufgestockt wird."

In der Regel steht in einem Verlaufsprotokoll zunächst ein Einleitungssatz „Frau Huber sagt, …", dann folgt der Satz in indirekter Rede: „… dieser Termin sei nicht einzuhalten." Auch Verben des Fragens oder des Denkens können die indirekte Rede einleiten.

Indirekte Rede soll nach Möglichkeit immer mit dem Konjunktiv I gebildet werden. Dieser wird aus dem Präsensstamm des Verbs gebildet, den Sie in den meisten Fällen aus dem Infinitiv des Verbs ermitteln können, indem Sie die Endung „-en" weglassen. Den Präsensstamm von „arbeiten" ist „arbeit-", der von „liegen" ist „lieg-" usw.

Daran hängen Sie die Konjugationsendung für den Konjunktiv I an, das sind

1. Person Singular	-e	ich helfe
2. Person Singular	-est	du helfest
3. Person Singular	-e	er/sie/es helfe
1. Person Plural	-en	wir helfen
2. Person Plural	-et	ihr helfet
3. Person Plural	-en	sie/Sie helfen

81

Beispiel

Direkte Rede: Frau Walter: „Herr Jenks schreibt gerade das Angebot."

Das gebeugte Verb „schreibt" muss in den Konjunktiv I gesetzt werden. Der Infinitiv lautet „schreiben", der Präsensstamm also „schreib-".
Hängen Sie dann die Konjugationsendung für den Konjunktiv I an, hier ein „-e".
Indirekte Rede: Frau Walter erklärt, Herr Jenks schreibe das Angebot.

Sie sehen: Die Bildung des Konjunktiv I ist also in den meisten Fällen sehr einfach.

Nun gibt es aber viele Verben, deren Konjunktiv I ebenso gebildet wird, wie der Indikativ-Präsens. In diesem Fall kommt der Konjunktiv II zum Einsatz, um die indirekte Rede deutlich zu machen.

Bei starken Verben wird der Konjunktiv II vom Präteritumstamm ausgehend gebildet. Starke Verben sind solche, die bei der Beugung den Vokal wechseln: „Ich fahre" wird im Präteritum zum „Ich fuhr". Als zweite Stammform, also jene des Präteritumstamms, gilt die 1. Person Singular des Präteritums (hier „fuhr").

Starke Verben, die im Präteritum ein a, o oder u zeigen, bilden den Konjunktiv II übrigens mit den jeweiligen Umlauten ä, ö oder ü („ich fahre" wird im Präteritum zu „ich fuhr", das wiederum wird im Konjunktiv II zu „ich führe").

Beispiel

Die Aussage im **Indikativ:** „Wir bieten im laufenden Verfahren mit." lautet in der indirekten Rede mit **Konjunktiv I** ebenfalls: „Sie sagen, sie bieten im laufenden Verfahren mit."

Um Missverständnisse zu vermeiden, wird die indirekte Rede in diesen Fällen mit dem **Konjunktiv II** gebildet. Der Konjunktiv II wird vom Präteritumstamm des Verbs gebildet, in diesem Fall von „bot-" (von „Ich bot mit").
Der Satz lautet in **indirekter Rede**: „Sie sagen, sie böten im laufenden Verfahren mit."

Bei schwachen Verben stimmt der Konjunktiv II mit dem Indikativ Präteritum überein. Um Missverständnisse zu vermeiden, können Sie in diesen Fällen auch die Umschreibung mit „würde" wählen.

Lautet der Ausgangssatz „Wir arbeiten am Dienstag auf der Messe.", dann die **indirekte Rede mit Konjunktiv I**: „Sie sagten, sie arbeiten am Dienstag auf der Messe."

Hier ist also der Konjunktiv I identisch mit der Indikativform und es besteht die Gefahr von Missverständnissen.

Also kommt zunächst der **Konjunktiv II** zum Einsatz: „Sie sagten, sie arbeiteten am Dienstag auf der Messe."

Es zeigt sich, dass der Konjunktiv II identisch ist mit dem Indikativ Präteritum. Die indirekte Rede kann in diesem Fall also auch mit der Umschreibung mit „würde" gebildet werden, um Missverständnisse auszuschließen: „Sie sagten, sie würden am Dienstag auf der Messe arbeiten."

Unsicherheit herrscht häufig auch in Bezug auf die Frage, wie die verschiedenen Zeitformen jeweils in die indirekte Rede gesetzt werden müssen. Grundsätzlich steht die indirekte Rede immer in der gleichen Zeit wie die direkte Rede.

	Direkte Rede	Indirekte Rede: Sie sagte, ...
Präsens	Wir können das bis Ende des Monats schaffen.	... sie könnten es bis Ende des Monats schaffen.
Perfekt	Ich habe den Vorschlag immer unterstützt.	... sie habe den Vorschlag immer unterstützt.
Futur	Ich werde mich um das Problem kümmern.	... sie werde sich um das Problem kümmern.

Die Vergangenheitsformen Perfekt und Präteritum werden in der indirekten Rede immer nur auf eine Weise gebildet: mit der Konjunktivform von „haben" oder „sein" und dem Partizip II.

Ausgangssatz: „Er ist doch dabei gewesen."
Indirekte Rede: „Sie sagt, er sei doch dabei gewesen."

Ausgangssatz: „Er war doch dabei."
Indirekte Rede: „Sie sagt, er sei doch dabei gewesen."

Das klingt alles sehr kompliziert. Aber in der Praxis werden Sie die indirekte Rede vermutlich ohne Probleme und automatisch richtig bilden. Wenn Sie doch einmal unsicher sind, können Sie im Anhang die Bildung des Konjunktivs I für verschiedene Verben nachschlagen, insbesondere für Hilfsverben (haben, sein und werden) und Modalverben (dürfen, können, mögen, müssen, sollen, wollen).

Richtige Rechtschreibung und Zeichensetzung

Mindestens genauso wichtig wie ein guter Stil, eine angemessene Sprache und die richtige Verwendung des Konjunktivs sind korrekte Rechtschreibung, Zeichensetzung und Grammatik. So mancher Leser eines schlechten, fehlerbehafteten Protokolls ist vermutlich eher versucht, den Bleistift zu zücken und die Fehler im Text zu korrigieren, als seine To-dos herauszusuchen und zu bearbeiten oder das Protokoll daraufhin zu überprüfen, dass seine Wortbeiträge korrekt wiedergegeben sind.

Dokumente, die zahlreiche Fehler enthalten, hinterlassen beim Leser gleich mehrfach einen negativen Eindruck. Der Text wird weniger ernst genommen – das strahlt auch auf den Inhalt aus. Selbst wenn die Mitschrift ansonsten vollständig und sauber ist, erscheint sie durch zu viele Fehler schlampig und weniger zuverlässig. Gehen solche Protokolle an externe Empfänger, kann damit je nach Branche möglicherweise sogar die Kompetenz des ganzen Unternehmens infrage gestellt werden.

Stellen Sie sich vor, Sie bekämen von einer Werbeagentur ein mit Rechtschreib- und Zeichensetzungsfehlern durchsetztes Besprechungsprotokoll zugeschickt – würden Sie diesem Dienstleister gern Ihre teuren Werbeanzeigen oder Pressemitteilungen anvertrauen?

Ein Muss: die Rechtschreibprüfung

In jedem Fall aber fallen solche Fehler auf den Verfasser des Protokolls – also gegebenenfalls auf Sie – zurück, dem schnell mangelnde Sorgfalt, flüchtiges Arbeiten oder gar Unwissenheit unterstellt wird. Das sollten Sie natürlich vermeiden.

Das Minimum ist, dass Sie die Rechtschreibprüfung Ihrer Textverarbeitungssoftware einschalten. Wenn Sie ein Protokoll in einer Fremdsprache schreiben, stellen Sie die entsprechende Sprache ein, um den Text gleich während des Schreibens einer ersten Kontrolle zu unterziehen.

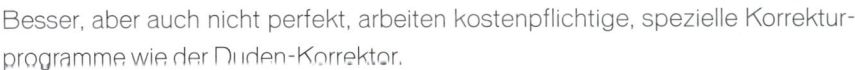

Achtung

Leider ist die Rechtschreibprüfung von Word, der wichtigsten Textverarbeitungssoftware, in großen Teilen nicht sehr zuverlässig. Vor allem die automatisch vorgenommenen Worttrennungen am Ende einer Zeile sollten Sie immer noch einmal kritisch prüfen.
Besser, aber auch nicht perfekt, arbeiten kostenpflichtige, spezielle Korrekturprogramme wie der Duden-Korrektor.
Problematisch ist auch, dass es für viele Wörter – je nach dem, was Sie aussagen wollen – mehrere korrekte Schreibweisen gibt. Eine Software kann nicht erkennen, was Sie meinen, so kommt es schnell zu vermeidbaren Fehlern.

Damit gilt: Auch wenn Sie technische Hilfsmittel nutzen, sollten Sie sich nicht blind darauf verlassen. Lesen Sie selbst Ihre Protokolle immer noch einmal gründlich gegen, bevor Sie sie weiterreichen. Wenn Sie unsicher sind, geben Sie das Dokument noch an einen Kollegen zur Korrektur weiter, vor allem, wenn das Protokoll an externe Partner geht oder veröffentlicht wird.

Tipp

Die deutsche Rechtschreibung kennt auch bei gleicher Bedeutung in vielen Fällen mehrere zulässige Schreibweisen. In den Wörterbüchern von Duden, Wahrig und anderen Verlagen finden Sie jeweils Empfehlungen für bestimmte Varianten.

Besprechen Sie mit Ihren Kollegen, nach welchen Empfehlungen Sie sich richten wollen, z. B.: „Bei verschiedenen erlaubten Schreibweisen folgen wir immer der Duden-Empfehlung (im Duden farbig hervorgehoben)." Solche unternehmensinterne Regelungen schaffen Sicherheit.

Klären Sie auch, wie Sie Produkt- oder Markennamen schreiben – übernehmen Sie z. B. Schreibweisen mit Kleinbuchstaben wie in adidas?

Wieso die Zeichensetzung so wichtig ist

Besonderes Augenmerk sollten Sie auf die Kommasetzung legen. Ein fehlendes Komma kann den Sinn eines Satzes komplett verändern.

Beispiel

„Kunde A bezahlt seine Rechnung nicht aber Kunde B."

Wer begleicht nun seine Rechnung? Darüber entscheidet das Komma:

„Kunde A bezahlt seine Rechnung, nicht aber Kunde B." oder „Kunde A bezahlt seine Rechnung nicht, aber Kunde B."

Auch bei Aufzählungen ist die Kommasetzung mitentscheidend.

„Ziel ist es, den CEO, den Abteilungsleiter, den Verantwortlichen für den Einkauf und den Sachbearbeiter zu kontaktieren."

In diesem Satz sollen vier Personen angesprochen werden, der „Abteilungsleiter" und der „Verantwortliche für den Einkauf" sind zwei verschiedene Personen.

„Ziel ist es, den Geschäftsführer, den Abteilungsleiter, den Verantwortlichen für den Einkauf, und den Sachbearbeiter zu kontaktieren."

In diesem Satz dagegen sind nur drei Personen zu kontaktieren. Hinter „Abteilungsleiter" ist „den Verantwortlichen für den Einkauf" als nähere Erläuterung eingeschoben, die durch die Kommas vor und nach dem Einschub gekennzeichnet ist – der Abteilungsleiter ist derjenige, der auch für den Einkauf verantwortlich ist.

Vor allem bei Wortprotokollen sollten Sie sich gegebenenfalls beim Sprecher noch einmal vergewissern, ob Sie den Sinn wirklich richtig wiedergegeben haben. In der Eile des Life-Protokollierens kann ein Komma schnell einmal verrutschen oder vergessen werden.

Prüfen Sie nun Ihre Niederschrift nach diesen Kriterien:

❑ Alles Wichtige enthalten?
❑ Alles zusammensortiert, was zusammengehört?
❑ Alles inhaltlich richtig wiedergegeben?
❑ Die richtige Reihenfolge gewählt?
❑ Neutralität gewahrt?
❑ Material angefügt?
❑ Freigaben vorhanden?
❑ Rechtschreibung und grammatikalische Korrektheit kontrolliert?
❑ Indirekte Rede richtig eingesetzt?
❑ Auf sprachliche Abwechslung geachtet?
❑ Text stilistisch überarbeitet?
❑ Auf gute Lesbarkeit und leichte Verständlichkeit geprüft?

Form und Layout: Wie Sie Ihrem Text den passenden Rahmen geben

Wie Sie Ihre Protokolle äußerlich gestalten, ist keine Nebensache. Ein einheitliches, übersichtliches und gut lesbares Äußeres Ihrer Dokumente ist ein Zeichen Ihrer Professionalität. Wie Sie dafür Standards entwickeln und welche Vorgaben Sie aus der DIN-Norm 5008 entnehmen können, lesen Sie auf den folgenden Seiten.

Das richtige Layout sorgt für den professionellen Eindruck

Wie das Protokoll letztlich gestaltet ist, hängt von vielen Faktoren ab, etwa von der Protokollart, davon, an wen Sie das Protokoll schicken, und ob darin weiteres Material wie etwa Abbildungen enthalten sind oder nicht.

Der Protokollrahmen - Protokollkopf und -schluss

Einige Angaben müssen zwingend in jedem Protokoll enthalten sein. Dafür dient in der Regel der Protokollkopf. Er gibt dem Leser wesentliche Informationen zur Besprechung:

→ Datum, Zeitpunkt und Ort,
→ Beginn und Ende,
→ Stimmberechtigte Teilnehmer, Gäste sowie abwesende Personen, gegebenenfalls mit Begründung und Entschuldigung,
→ gegebenenfalls Name und Funktion von Vertretern,
→ gegebenenfalls Name und Funktion von Gästen,
→ Angabe, wer von den Beteiligten abstimmungsberechtigt ist und wer nicht,
→ Name des Moderators bzw. Besprechungsleiters,
→ Name des Protokollführers,
→ gegebenenfalls Verteiler.

Solche Informationen sind zum einen wichtig, um auch nach einer längeren Zeit noch die Rahmenbedingungen nachvollziehbar zu machen. Zum anderen helfen sie auch Lesern, die nicht in der Sitzung dabei waren, die Abläufe einzuschätzen.

Angenommen, in der Sitzung musste ein Tagesordnungspunkt kurzfristig verschoben werden. Der Chef, der das Protokoll später liest, wird sich darüber nicht wundern, wenn er gleichzeitig erkennt, dass der zuständige Kollege wegen Krankheit entschuldigt fehlte.

In den meisten Protokollvorlagen sind für den Kopf schon von vornherein Leerstellen vorgesehen, die Sie nur ausfüllen müssen.

Muster

AUSFÜHRLICHER PROTOKOLLKOPF

Protokoll
der Sitzung der Geschäftsleitung der Muster GmbH

Datum, Ort:	17.02.20XX in Frankfurt am Main, in der Muster GmbH, Musterstraße 16, Sitzungssaal 1
Zeit:	10:30 bis 13:30 Uhr

Präsenz

Geschäftsleitung:	Dr. Anton Muster Holger Hanser Franz Xaver Hölzl
Prokurist:	Lothar Peters (nicht stimmberechtigt)
Gäste:	Stefanie Kurz, Wirtschaftsberatung Kurz (nicht stimmberechtig)
Entschuldigt:	Frank Muster, erkrankt, vertreten durch Anneliese Muster
Protokollführer:	Beate Behrens

Ein so umfangreicher Protokollkopf ist nur bei Wort- oder Verlaufsprotokollen nach wichtigen Sitzungen üblich. Im Unternehmensalltag kommt eher ein kurzer tabellarischer Kopf zum Einsatz, der schnörkellos die wichtigsten Informationen präsentiert:

Kapitel 5: Form und Layout

Protokoll der Sitzung der Vertriebsabteilung

am	Teilnehmer	Verteiler
17.06.2013	Karina Maier	Anwesende
	Susanne Otto	Ina Frisch
	Michael Tondorf	
	Karsten Volkers	

In den Protokollschluss nehmen Sie dann Ihre Unterschrift und gegebenenfalls die des Moderators/Besprechungsleiters auf, außerdem noch Ort und Datum der Unterschriften.

Steht bereits fest, dass und wann eine Folgebesprechung stattfinden soll, nehmen Sie auch Datum, Uhrzeit, Dauer und Ort in den Protokollschluss auf, damit alle Beteiligten sich den Termin gleich vormerken können.

Tabelle oder Fließtext?

In den meisten Fällen werden Protokolle vermutlich in Tabellenform erstellt werden, denn diese Form ist besonders gut für das Kurz- und das Ergebnisprotokoll geeignet, die im Unternehmensalltag dominieren. Der Leser kann darin auf einen Blick erkennen, worum es in den Tagesordnungspunkten jeweils ging, welche Ergebnisse dabei herausgekommen sind und welche To-dos zu erledigen sind.

Wortprotokolle werden dagegen immer, Verlaufsprotokolle oft als Fließtext erstellt. Die Textmenge ist viel größer, sodass bei einer Gestaltung als Tabelle sehr viel weißer Platz bleiben würde. Wenn Sie bei der Niederschrift auf einen guten Sprachstil achten, lässt sich der Fließtext auch gut lesen und verstehen.

Bei Verlaufs- und Wortprotokollen im Fließtext ist eine klare Strukturierung durch Absätze und Leerzeilen zwischen den einzelnen TOPs erforderlich, damit die Niederschrift nicht als unverdaulicher „Textbrei" erscheint.

Sorgen Sie für eine einheitliche Gestaltung

Wie Sie ein Protokoll formal gestalten, welche Schriftart und -größe, welchen Zeilenabstand und welche Hervorhebungen Sie beispielsweise benutzen, hat Einfluss auf die Lesbarkeit, den Wiedererkennungswert und die Außenwirkung.

Bei solchen Formalien geht es durchaus nicht nur um das Äußere eines Dokuments. Nicht die Optik steht im Vordergrund, sondern vielmehr die Art und Weise, wie der Empfänger mit dem Protokoll arbeitet.

Ein Protokoll, das unsauber und verwirrend gestaltet ist, macht dem Leser mehr Arbeit. Er muss dann mehr Zeit aufwenden, um die Besprechung oder das Meeting nachvollziehen zu können, sich an einzelne Punkte zu erinnern und zu erfassen, welche Ergebnisse erzielt wurden oder welche To-dos als nächstes anstehen. Sind dagegen alle Mitschriften gleich – und zwar gleich übersichtlich – aufgebaut, kann sich ein Leser, der häufig von Ihnen Protokolle erhält, schnell im Dokument orientieren.

Von zentraler Bedeutung ist dies erst recht, wenn Ihre Protokolle auch an externe Geschäftspartner weitergegeben werden, etwa nach einer Projektbesprechung mit Kundenvertretern oder nach der Sitzung eines Gremiums, dem auch Außenstehende angehören. Stellen Sie sich vor, jedes Protokoll, das Ihr Haus verlässt, sähe anders aus. Das macht sicherlich keinen besonders professionellen Eindruck auf Ihre Geschäftspartner. Jedes Schriftstück, das Ihr Haus verlässt, ist gleichzeitig auch eine Visitenkarte, die entsprechend sorgfältig erstellt werden sollte.

Tipp

Wenn Sie in einem weniger offiziellen Rahmen Protokoll führen, etwa bei einer Elternbeiratssitzung, sind solche Fragen natürlich weniger von Bedeutung. Hier können und sollten Sie Angaben und Informationen, die zwar in der Vorlage vorgegeben sind, aber nicht gebraucht werden, einfach weglassen. Aber auch hier gilt: Achten Sie auf gute Lesbarkeit und Übersichtlichkeit.

Legen Sie Standards fest

Damit in einem Unternehmen alle Protokolle gleich aussehen, reicht es nicht aus, allen betreffenden Kollegen ein Formblatt mit dem gewünschten Protokollrahmen als Dokumentvorlage zur Verfügung zu stellen. Denn oft genug weichen dann immer noch die Schriftart oder die Listenformate in den einzelnen Protokollen voneinander ab oder der eine Bearbeiter hebt Wichtiges durch eine Kursivschrift hervor, während der nächste dies lieber über die Fettschrift oder eine andere Schriftfarbe tut.

Um eine solche unprofessionell wirkende Formatvielfalt zu vermeiden, sollten Sie gemeinsam mit Ihren Kollegen Standards festlegen. Viele Unternehmen haben bereits für ihre Geschäftsbriefe eine einheitliche, gut lesbare Schriftart festgelegt. Gibt es eine solche Vorschrift in Ihrem Unternehmen, sollten Sie diese Schrift auch in Ihren Protokollen verwenden. Überlegen Sie darüber hinaus, welche weiteren Elemente für die Protokolle wichtig sind:

→ Wie wollen Sie wichtige Informationen hervorheben?
→ Welche Aufzählungsformate eignen sich für Ihre Zwecke am besten?
→ Brauchen Sie Überschriftenformate und wenn ja, wie sollen die aussehen?

Tipp

Vielleicht können Sie auch mehrere Vorlagen anlegen – etwa eine für interne Mitschriften mit reduzierten Vorgaben, um den Aufwand gering zu halten, und eine zweite, die dann zum Einsatz kommt, wenn die Protokolle nach draußen an externe Partner gegeben werden und dort für einen professionellen Außenauftritt sorgen sollen.

Legen Sie die Standards für solche Punkte gemeinsam mit dem Protokollkopf als Formatvorlagen (mit entsprechenden Namen, z. B. „Beschluss") in einer Dokumentvorlage fest und verteilen Sie diese an alle Kollegen, die Protokolle schreiben. Zudem kann es sinnvoll sein, ein Muster anzulegen und darin zu erläutern, wann welche Formatvorlage zum Einsatz kommt. Vor allem bei Protokollen für unternehmensfremde Empfänger ist das empfehlenswert, um ein einheitliches Aussehen in jedem Fall sicherzustellen.

Dieses Muster können Sie z. B. neuen Kollegen geben, wenn diese zum ersten Mal mit der Protokollvorlage arbeiten. Wenn Sie und Ihre Kollegen nun die Mitschriften auf Basis dieser Dokument- und Formatvorlagen erstellen, sind Sie dem Ziel der Einheitlichkeit einen großen Schritt näher gekommen.

Gestalten Sie längere Texte nach der DIN 5008:2011

Für die Gestaltung von Protokollen gibt es keine eigene DIN-Norm. Meist wird daher empfohlen, sich an der DIN 5008 zu orientieren. Diese Norm legt Schreib- und Gestaltungsregeln für die Textverarbeitung fest und ist vor allem für die Gestaltung von Geschäftsbriefen wichtig – angefangen von der Blattgröße bis zur Gliederung der Telefonnummern.

Allerdings sind Vorgaben für Geschäftsbriefe nur bedingt auch für Protokolle tauglich. Das beginnt schon bei dem Zeilenabstand, der für Geschäftsbriefe regelmäßig einzeilig ist. Das ist aber bei längeren Schriftstücken für den Leser sehr ermüdend und führt oft zu echten „Bleiwüsten" auf den Seiten.

Mit der Fassung der DIN 5008 vom April 2011 kam ein ganzer Abschnitt (Nummer 15) hinzu, der Vorgaben für längere Texte wie Berichte oder Thesenpapiere macht. Sie sind in Teilen auch für Protokolle sinnvoll. Daneben können Sie sich an weiteren Vorgaben der DIN 5008, etwa für die Gliederung und Kennzeichnung von Texten, orientieren.

Schriftart

Wählen Sie für Ihre Protokolle eine Schriftart, die gut lesbar ist, und formatieren Sie damit den gesamten Fließtext. Gut geeignet sind z. B. die Schriftarten Arial und Times New Roman. Vermeiden Sie sehr ungewöhnliche Schriftarten, die eher vom Inhalt ablenken als Informationen transportieren. Häufig gelten Serifen-Schriften (das sind solche mit einem kleinen Häkchen an den Buchstaben, Fachleute sprechen von „An-" und „Abstrichen") wie die Times New Roman als besser lesbar, vor allem bei Dokumenten auf Papier.

Allerdings kommen gerade bei Sach- und Fachtexten oft die serifenlose Schriftarten – der Fachbegriff lautet „grotesk" – wie die Arial zum Einsatz, weil sie sachlicher und weniger verspielt wirkt als eine Serifen-Schrift. Auch bei der Darstellung am Bildschirm sind schnörkellosere Schriften besser lesbar.

Schriftgröße

Auch die Schriftgröße sollten Sie so festlegen, dass eine gute Lesbarkeit gewährleistet ist. Für den Fließtext sollte die Schriftgröße nicht kleiner als 10 Punkt sein. Bei längeren Texten sieht die DIN 5008 vor, dass die Schriftgröße im gesamten Text einheitlich genutzt werden soll – nur für Überschriften sollten Sie sie verändern.

Welche Schriftgröße angemessen ist, hängt auch von der gewählten Schriftart ab. Eine Times New Roman wirkt in 12 Punkt ganz anders als eine Arial. Behalten Sie bei diesen Fragen immer das Interesse des Lesers im Blick.

Zeilenabstand

Der Zeilenabstand ist ein wesentliches Element, um einen Text für den Leser angenehm zu gestalten. Ein Geschäftsbrief ist selten länger als zwei Seiten und meist in viele, eher kurze Absätze unterteilt. Für ihn ist in der DIN 5008 regelmäßig ein einzeiliger Zeilenabstand vorgesehen – schon um Platz, Papier und damit oft genug auch Porto zu sparen.

Ein Protokoll hingegen umfasst schnell einmal mehrere Seiten, wenn ein ganz- oder gar mehrtägiges Meeting mitzuschreiben war. Und gerade ein Wort- oder Verlaufsprotokoll kann aus großen, zusammenhängenden Textpassagen ohne weitere Gliederung bestehen, wenn Sie etwa einen längeren Redebeitrag eines Teilnehmers aufgenommen haben.

Ein einzeiliger Abstand würde hier schnell zu einem unübersichtlichen, massiv wirkenden Textblock führen, den zu lesen eintönig und anstrengend ist. Deshalb sollten Sie einen Abstand mindestens von anderthalb Zeilen wählen, den auch die DIN 5008 als Mindestabstand bei längeren Texten vorsieht.

Seitenrand

Der Seitenrand spielt für die Leserfreundlichkeit ebenfalls eine wichtige Rolle. Je schmaler der Rand ist, desto mehr Text befindet sich auf der Seite. Das mag gut sein, wenn Sie beim Ausdruck Papier sparen wollen, aber Ihrem Leser werden Sie damit nicht immer einen Gefallen tun. Passen Sie den Seitenrand gegebenenfalls dem Zweck Ihres Protokolls an, das ist laut DIN 5008 ausdrücklich erlaubt.

Wollen Sie nur über den Verlauf einer Besprechung informieren, kann der Seitenrand schmaler sein. Dient das Protokoll dagegen (auch) als To-do-Liste, sollte der Seitenrand etwas breiter sein, damit der Leser hier noch eigene Notizen anbringen kann.

Achtung

Fragen Sie sich beim Festlegen des inneren Seitenrandes, ob das Protokoll womöglich noch weiter verarbeitet z. B. durch eine Klebe- oder Spiralbindung gebunden wird. Dann ist es wichtig, den inneren Seitenrand etwas breiter anzulegen, damit das Dokument auch in gebundener Form noch gut lesbar ist.

Hervorhebungen

Grundsätzlich lässt die DIN 5008 eine Vielzahl von Hervorhebungen zu, von Kursivsetzung und Fettschrift über Einrückungen bis hin zur Verwendung anderer Schriftfarben. Während bei Geschäftsbriefen laut Norm auch ein Wechsel zu einer anderen Schriftart und -größe erlaubt ist, soll bei längeren

Texten die Schriftart möglich durchgängig angewandt und die Schriftgröße nur für Überschriften etc. verändert werden.

Vorsichtig müssen Sie bei Hervorhebungen durch Unterstreichung sein. Denn die DIN 5008 erlaubt diese Hervorhebungsart zwar noch, sagt aber gleichzeitig, dass die Unterstreichung keine Unterlängen von Buchstaben kreuzen oder berühren darf. Unterlängen haben z. B. p, g oder y.

Bevor Sie einen Text unterstreichen, müssten Sie also immer erst einmal überprüfen, ob im betreffenden Text nicht vielleicht ein Buchstabe mit Unterlänge vorhanden ist. Das ist natürlich für die Praxis viel zu umständlich. Deshalb sollten Sie die Unterstreichung besser aus dem Hervorhebungsrepertoires streichen und zu einer anderen Möglichkeit greifen.

Wichtig ist bei den Hervorhebungen, dass sie einheitlich angewandt werden. Wenn Sie z. B. festlegen, dass in Protokollen

→ To-dos mit **Fettschrift**,

→ Beschlüsse durch → Einrückung (mit Leerzeile davor und danach) und

→ Vertagungen aufs nächste Meeting durch *Kursivsetzung* gekennzeichnet sind,

dann sollten sich diese Hervorhebungsarten und ihre Verwendung sowohl in Ihrem nächsten Protokoll als auch in allen Protokollen Ihrer Kollegen in genau dieser Form wiederfinden.

Sie können es dem Empfänger eines längeren Protokolls mit Hervorhebungen ermöglichen, sehr schnell die für ihn relevanten Informationen herauszufiltern. Den Chef werden vielleicht eher die (eingerückten) Beschlüsse interessieren, der Sachbearbeiter findet durch die Fettschrift problemlos die noch offenen Aufgaben, und Sie selbst können für die Planung des nächsten Meetings auf den kursiv gesetzten Text zurückgreifen.

Achtung

Achten Sie darauf, dass kein Hervorhebungswildwuchs in Ihren Protokollen entsteht. Wenn das Protokoll nur eine Seite lang ist und die einzelnen Punkte jeweils nur aus wenigen Worten bestehen, verwirren viele Hervorhebungen eher, als dass sie zur Übersicht beitragen.

Lesbarkeit

☐ Ist Ihr Protokoll übersichtlich gestaltet?

☐ Ist eine klare Gliederung erkennbar?

☐ Haben Sie eine Schriftart und Schriftgröße gewählt, die es dem Leser erleichtern, den Inhalt zu erfassen?

☐ Ist der Zeilenabstand angemessen oder wirkt mein Protokoll eher wie eine „Bleiwüste"?

☐ Bieten Sie dem Auge genügend Orientierung durch Überschriften, Hervorhebungen oder Listen?

Wiedererkennungswert

☐ Sind Ihre Protokolle immer über alle Elemente hinweg einheitlich gestaltet?

☐ Bleiben Sie bei einem einmal gewählten Aufbau?

☐ Benutzen Sie stets die gleichen Formatierungen, um Text hervorzuheben, oder wählen Sie Fett- und Kursivschrift, Zentrierung und Farbe je nach Gusto?

☐ Sind Angaben wie das Datum alle in der gleichen Form angegeben oder sehen sie immer anders aus?

☐ Und – in Unternehmen ebenso wichtig – sehen auch die Protokolle, die Ihre Kollegen schreiben, äußerlich genauso wie Ihre aus?

☐ Entsprechen sie den Gestaltungsrichtlinien Ihres Unternehmens?

☐ Erkennt der Empfänger auf einen Blick, dass er ein Schriftstück aus Ihrem Hause in den Händen hält?

Gliederung

Je länger Ihr Protokoll ist, desto wichtiger ist es, die Mitschrift sinnvoll und übersichtlich zu gliedern. Nutzen Sie Überschriften verschiedenen Grades, um für Übersicht zu sorgen. So ist es z. B. bei längeren Dokumenten sinnvoll, die besprochenen Tagesordnungspunkte als Gliederungspunkte zu nutzen, optisch hervorzuheben und so einen schnellen Zugriff auf die gesuchten Informationen zu ermöglichen.

Aber auch der Fließtext sollte nach Möglichkeit zusätzliche Orientierung bieten. Dabei haben Sie eine ganze Reihe von Möglichkeiten. Sehr gut geeignet sind Aufzählungen, die Sie einfach mit Ihrem Textverarbeitungsprogramm erstellen können (das erlaubt die DIN 5008 ausdrücklich). Nummerierungen, auch mehrstufige, sind ebenfalls zulässig und können bei komplexeren Themen sinnvoll sein. Ein Protokoll, das unter einem Tagesordnungspunkt die besprochenen Themen und darunter die offenen To-dos mit den Zuständigkeiten als Aufzählung sowie dann Beschlüsse auflistet, bietet sowohl einen guten Überblick über die Besprechung als auch einen schnellen Zugriff auf gesuchte Informationen.

Übrigens schreibt die DIN 5008 ausdrücklich vor, dass Überschriften vom vorangehenden und nachfolgenden Text mit einheitlichen Abständen zu trennen sind.

Hurenkinder und Schusterjungen

Mit diesen Begriffen werden Zeilen bezeichnet, die zu einem zusammenhängenden Absatz gehören, aber allein am Anfang oder am Ende einer Seite stehen. Ein Hurenkind (der alternative Begriff „Witwe", vom englischen „widow", setzt sich nur zögerlich durch) ist eine einsame Zeile am Beginn einer Seite (oder auch einer Spalte). Mit Schusterjunge (auch „Waisenkind" vom englischen Begriff „orphan" genannt) wird der genau gegenteilige Fall beschrieben: Ein Absatz beginnt mit einer einzelnen Zeile am Ende einer Seite und läuft dann auf der nächsten weiter.

Beides sollen Sie laut DIN 5008 möglichst vermeiden, denn diese einzelnen Zeilen stören sowohl das Layout als auch den Lesefluss. Mindestens zwei Zeilen Text sollten am Beginn und am Ende einer Seite stehen bleiben.

Diese Regelung mag zunächst bei Protokollen eher nebensächlich erscheinen, immerhin geht es hier ja nicht um Bücher oder andere Schriftstücke, bei denen traditionell auf eine ausgefeilte Typografie Wert gelegt wird. Trotzdem: Protokolle zu lesen ist Arbeit – sie sollte nicht unnötig durch Störungen des Leseflusses erschwert werden. Auch bei Dokumenten, die Sie an externe Partner verschicken, sollten Sie die unschönen Hurenkinder und Schusterjungen vermeiden.

Bilder, Diagramme und Tabellen

Wenn Ihnen ergänzendes Material, etwa Abbildungen oder Tabellen, aus der Sitzung vorliegt, das Sie dem Protokoll beifügen wollen, haben Sie grundsätzlich zwei Möglichkeiten: Sie können es direkt in den Text einfügen oder – was sich bei einer größeren Menge empfiehlt – alles in den Anhang verschieben.

Tabellen in den Text einbinden
Tabellen, die Sie direkt in den Text einfügen, sollten Sie mitsamt einem möglicherweise vorhandenen Rahmen zentriert zwischen die Seitenränder setzen. Davor und danach sollte mindestens eine Zeile Platz sein.

Versehen Sie die Tabelle mit einer Überschrift, wenn aus dem bisherigen Text nicht eindeutig hervorgeht, worum es geht. Diese Überschrift dürfen Sie laut DIN 5008 bei einer Tabelle auch in den Tabellenkopf integrieren. Wenn die Tabelle über zwei oder mehr Seiten läuft, wiederholen Sie auf der Folgeseite noch einmal den Tabellenkopf, damit der Leser auch nach dem Umblättern noch weiß, was in welcher Spalte steht.

Diagramme in den Text einfügen
Ein Diagramm sollten Sie laut DIN 5008 ebenfalls immer mit einer Überschrift versehen, und zwar auch dann, wenn die Tabelle, aus der es hervorgeht, gleichfalls im Text vorhanden ist. Weiterhin kann es – je nach Diagramm – auch notwendig sein, eine Legende beizufügen, damit der Leser versteht, was er sieht.

Größere Diagramme werden einschließlich eines eventuell vorhandenen Rahmens zentriert zwischen die Seitenränder gesetzt, auch hier sollten Sie mindestens eine Leerzeile davor und danach frei lassen.

Kleinere Diagramme können Sie auch so einbinden, dass der Text das Diagramm umfließt. Allerdings ist es dann wichtig, auf einen angemessenen Abstand zwischen Diagramm und umfließenden Text achten. Die DIN 5008 sieht mindestens 2 mm vor. Der Zeilenabstand des umfließenden Textes soll sich nicht verändern.

Die DIN 5008 macht noch weitere Vorgaben für Diagramme, die allerdings eher für die Erstellung der Diagramme wichtig sind. Als Protokollant werden Sie jedoch die Diagramme eher selten selbst erstellen, sondern sie normalerweise bereits fertig erhalten, sodass an dieser Stelle hierauf nicht weiter eingegangen wird.

Abbildungen im Protokoll

Auch für die Einbindung von Abbildungen in längere Texte macht die DIN 5008 mittlerweile Vorgaben. Bei der Positionierung gelten die gleichen Regeln wie bei den Diagrammen.

Wichtig ist bei Abbildungen, dass Sie eine Bildunterschrift einfügen. Dafür sollten Sie eine andere Formatierung wählen als für die anderen Textteile, um sie optisch hervorzuheben. Die DIN 5008 nennt als Möglichkeiten etwa die Kursivsetzung und eine kleinere Schriftgröße.

Die DIN 5008 und Protokolle in Tabellenform

In vielen Unternehmen werden interne Protokolle überwiegend in Tabellenform geschrieben. Das ist vor allem bei sehr kurzen Mitschriften, die nur eine begrenzte Anzahl an Informationen enthalten, empfehlenswert. Denn hier bietet die Tabelle einen schnellen und einfachen Überblick. Bei längeren Mitschriften hingegen geht bei Tabellen oft viel Platz verloren – hier ist Fließtext besser geeignet.

Was viele nicht wissen: Die DIN 5008 enthält auch Vorgaben für die Gestaltung von Tabellen. Auch hier geht es, wie immer bei der Norm, darum, Einheitlichkeit und gute Lesbarkeit der Informationen zu gewährleisten – auch wenn die Macher der Norm in diesem Abschnitt weniger an reine Texttabellen gedacht haben. Für Protokolle sind vor allem folgende Regeln wichtig:

Bezeichnung der Spalten

Damit auch jemand, der mit Protokollen aus Ihrem Haus nicht vertraut ist, sofort den Inhalt der einzelnen Zellen zuordnen kann, ist es sinnvoll, die Spalten Ihrer Tabelle eindeutig zu benennen, z. B. „Tagesordnungspunkt", „Inhalt/To-do", „Verantwortlich" und „Termin".

Laut DIN 5008 sollen die Spaltenüberschriften immer zentriert gesetzt werden (abgesehen von der Vorspalte, die jedoch in Protokollvorlagen keine Rolle spielen dürfte). Wenn Sie diese Vorgabe für Ihr Unternehmen umsetzen wollen, sollten Sie diese Ausrichtung unbedingt in der Dokumentvorlage festlegen, denn gerade die Nachformatierung gemäß DIN 5008 der einzelnen Tabellenzellen kann viel Aufwand bedeuten. Der ist im Zusammenhang mit Protokollen nicht immer gerechtfertigt.

Beschriftung der Zellen

Nützlich sind Vorgaben, die die Beschriftung der Zellen selbst betreffen. Achten Sie darauf, dass in den Feldern ein Mindestabstand von 1 mm zur Trennlinie besteht. Zur oberen und unteren Zellenbegrenzung soll ein gleichmäßiger Abstand eingehalten werden. Die Vorgabe, Text in Tabellen linksbündig zu setzen, werden Sie vermutlich ohnehin schon umsetzen. Bei Zahlen hingegen ist eine rechtsbündige Ausrichtung oder eine am Komma sinnvoller. So lassen sich Zahlen mit vielen Ziffern leichter lesen und vergleichen, wenn diese untereinander stehen.

Andere Vorgaben aus der DIN 5008 sind für Protokolle in Tabellenform nicht sinnvoll. So schreibt die Norm z. B. vor, dass die Tabelle zwar durch waagerechte und senkrechte Linien zu gliedern ist. Allerdings sollen die waagerechten Linien nur vor Summenzeilen und zu Gruppierung genutzt werden. Stattdessen sollen die Zeilen durch Hintergrundschattierungen optisch voneinander abgehoben werden. Eine solche Vorgabe ist für Tabellen, die vorrangig Text enthalten, natürlich nicht zweckmäßig. Wir empfehlen Ihnen daher, die Tabelle mit Linien zu versehen, damit erhöhen Sie die Übersichtlichkeit deutlich.

Sonstige Vorschriften der DIN 5008

Die DIN 5008 regelt darüber hinaus einzelne Schreibweisen teilweise bis ins Detail, etwa für das Datum, für Telefonnummern oder für Zahlenaufstellungen. Ob es zweckmäßig ist, sich bei Protokollen daran zu halten oder nicht, müssen Sie in Ihrem Unternehmen entscheiden.

Allerdings spricht auch hier einiges dafür, einheitliche Standards festzulegen, sodass in allen Protokollen beispielsweise das Datum gleich aufgeführt wird.

→ Soll etwa der Monat ausgeschrieben werden (das ist die alphanumerische Schreibweise): 12. September 2013?

→ Oder ziehen Sie die rein numerische Schreibung vor, also 12.09.2012? Wählen Sie dann die Reihenfolge Tag, Monat, Jahr, jeweils mit einem Punkt getrennt?

→ Oder bevorzugen Sie die von der DIN 5008 empfohlene internationale Reihenfolge Jahr, Monat, Tag, jeweils mit einem Mittestrich dazwischen, wie in 2012-09-12?

Letztere Variante sollten Sie vor allem dann nutzen, wenn Sie ein internationales Meeting mitschreiben. Laut DIN 5008 müssen Sie die Jahreszahl immer vierstellig schreiben.

Gut zu wissen

Übrigens sind solche Fragen nicht nur für den professionellen Eindruck wichtig. In Zeiten, in denen immer mehr Dokumente eingescannt, elektronisch weiterverarbeitet sowie gespeichert werden, gibt es einen weiteren Grund, bestimmte Elemente auf eine immer wiederkehrende Weise anzulegen: So können Programme allein an der Struktur einer Zahlenkombination erkennen, ob es sich um ein Datum oder um eine Telefonnummer handelt, und die Informationen entsprechend verarbeiten.

Sinnvoll ist auch die Vorgabe, in bestimmten Fällen mit Festabständen zu arbeiten. Mit solchen Festabständen verhindern Sie z. B., dass etwa Abkürzungen wie „z. B." oder „o. Ä." am Ende einer Zeile getrennt werden. Sonst landet möglichweise das „z." am Ende der ersten und das „B." am Anfang der zweiten Zeile. Das hinterlässt nicht nur einen unprofessionellen Eindruck, sondern stört auch den Lesefluss empfindlich. Einen Festabstand erzeugen Sie in Word mit der Tastenkombination Strg + Umschalt- (Hochstell-)taste + Leertaste.

● ●

Check-liste

Prüfen Sie Form und Layout nach diesen Kriterien:

❑ Schriftart gut lesbar?
❑ Schriftgröße ausreichend und einheitlich?
❑ Zeilenabstand einzeilig bei Ergebnisprotokoll, bei anderen Protokollarten größer?
❑ Seitenrand ausreichend?
❑ Hervorhebungen einheitlich und deutlich erkennbar?
❑ Übersichtliche Gliederung?
❑ Hurenkinder und Schusterjungen vermieden?
❑ Tabellen, Abbildungen und größere Diagramme im Text zentriert und durch je eine Leerzeile davor und danach abgesetzt?
❑ Tabellen und Diagramme mit Überschriften versehen?
❑ Bildunterschrift zu jeder Abbildung eingefügt?
❑ Daten und Telefonnummern einheitlich und nach DIN 5008 korrekt gegliedert?

● ●

Die Nachbereitung: Was Sie dazu bei- tragen können, dass Ihr Protokoll seinen Zweck erfüllt

Seine Funktion als Dokumentation, Beweismittel und Arbeitsgrundlage kann ein Protokoll nur dann erfüllen, wenn es von allen Beteiligten als wahr anerkannt und gegebenenfalls unterschrieben wird, wenn es so archiviert wird, dass es jederzeit schnell von allen Beteiligten gefunden werden kann, und wenn die enthaltenen Arbeitsaufgaben und Termine nachverfolgt werden. Was Sie dazu beitragen können, lesen Sie im folgenden Kapitel.

Holen Sie die Freigaben ein

Nun sind Sie fast fertig. Wenn Sie die Rohfassung Ihres Protokolls erstellt, sprachlich poliert und formatiert haben, schicken Sie sie an alle Teilnehmer mit der Bitte um Freigabe oder gegebenenfalls Korrektur. Das ist notwendig, weil ein Protokoll nur dann seine Aufgaben erfüllen kann, wenn es von allen Beteiligten als korrekt und wahr anerkannt wird. Wer Änderungen wünscht (die natürlich der Wahrheit entsprechen müssen), muss sie schriftlich einreichen, denn nur dann sind nachträgliche Änderungen später noch nachvollziehbar.

So behalten Sie den Überblick

Bei vielen Teilnehmern (und damit vielen Freigaben) besteht die Herausforderung darin, den Überblick darüber zu behalten, welche Korrekturen, Anmerkungen und Freigaben Ihnen schon vorliegen und welche noch ausstehen.

Tipp

Als kleine Checkliste, wer den Entwurf des Protokolls bekommt, kann Ihnen die Anwesenheitsliste auf dem Protokoll selbst dienen. Streichen Sie einfach auf Ihrer Rohfassung die Namen derjenigen Personen durch, deren Rückmeldung Ihnen schon vorliegt.

Setzen Sie enge Termine, bis wann Sie eine Antwort benötigen und haken Sie gegebenenfalls kurzfristig nach.

Tipp

Wenn Sie oft Schwierigkeiten damit haben, die Freigaben zu bekommen, weil die Empfänger saumselig mit den Terminen sind, kann Ihnen ein kleiner Trick helfen: Fügen Sie im Begleittext einfach einen kleinen Passus ein:

„Sollte ich von Ihnen/Dir bis zum nächsten Dienstagmittag keine Änderungen erhalten haben, gilt dieser Entwurf als genehmigt."

● ●

Ein solches Vorgehen ist allerdings nicht bei allen Empfängern angebracht
und sollte vorab auch gegebenenfalls mit Ihrem Vorgesetzten abgesprochen
werden.

Welches Dokumentenformat verschicken Sie?

Entscheiden Sie, in welcher Form Sie den Teilnehmern das Protokoll zukommen lassen möchten. Im Unternehmensalltag ist es üblich, das Protokoll als
Word-Dokument (oder das einer anderen Textverarbeitung) zu verschicken
und die Teilnehmer zu darum bitten, im „Änderungen-verfolgen"-Modus zu
arbeiten. Dann können Sie die vorgenommenen Änderungen sofort erkennen
und in Ihr Master-Dokument übertragen.

Bei anderen Besprechungen, etwa nach einer Elternbeiratssitzung oder
einem Vereinstreffen, können Sie zwar meist davon ausgehen, dass alle ein
Word-Dokument öffnen können (dies können Sie in der Sitzung selbst ab-
fragen), aber der „Änderungen-verfolgen"-Modus ist vielen Privatnutzern eher
wenig geläufig.

●   **Achtung**

Wenn Sie unsicher sind, ob alle Teilnehmer mit dem „Änderungen-verfolgen"-Modus umgehen können, sollten Sie besser kein
Word-Dokument verschicken. Wenn ein Empfänger des Dokuments Änderungen in Ihrem Text vornimmt, ohne diese Funktion vorab
aktiviert zu haben, können Sie nicht gleich erkennen, was er gemacht hat, sondern
müssen erst umständlich beide Texte von Word vergleichen lassen.
Zudem sind noch viele alte Programm-Versionen im Umlauf, und daher ist es nicht
sinnvoll, eine Anleitung mitzuschicken – in Word 2003 wird die Funktion anders
gestartet und genutzt als in Word 2010. In diesen Fällen ist es einfacher, das

Dokument entweder als PDF oder gleich als Ausdruck zu verschicken und darum zu bitten, Korrekturen auf dem Papier vorzunehmen.

Alternativ können Sie – je nachdem, wie fit die Empfänger in Word sind – ein .doc oder .docx versenden und darum bitten, eventuell vorgenommene Änderungen farbig zu markieren.

● ●

Übrigens: Um Missverständnisse auszuschließen, können Sie Ihr Dokument vor dem Verschicken als „Entwurf" kennzeichnen. Dafür eignet sich zum Beispiel ein Wasserzeichen im Hintergrund gut, das Sie über die entsprechende Word-Funktion einfügen können. So kann jeder gleich erkennen, dass es sich noch um eine Rohfassung handelt.

Korrekturen einarbeiten

Sobald Ihnen die Rückmeldungen der Besprechungsteilnehmer vorliegen, können Sie sich daran machen, die Endfassung Ihres Protokolls zu erstellen.

Übernehmen Sie Korrekturen, die Kollegen eingetragen haben, in Ihr Protokoll. In der Regel wird es sich um Kleinigkeiten handeln, sodass es kein Problem darstellt, sie einzupflegen. Anders sieht es aus, wenn Ihr Kollege Termine oder Verantwortlichkeiten von To-dos ändern will. Dann sollten Sie das Gespräch suchen und gegebenenfalls auf Ihre Notizen vertrauen.

Schicken Sie die überarbeitete Version anschließend noch einmal an die betreffenden Personen und bitten Sie sie erneut um eine Freigabe.

Achtung

● ●

„Das habe ich so nie gesagt." Wenn Sie auf Ihre Rohfassung diese Antwort bekommen, haben Sie ein Problem.

Hat sich gerade an der umstrittenen Äußerung eine heftige Diskussion entzündet, werden sich alle Teilnehmer der Besprechung daran erinnern. Ein reines Leugnen der Aussage ist dann nicht möglich, und es geht vermutlich eher darum, eine Formulierung zu finden, mit der Sie beide glücklich werden und die den Kollegen nicht bloßstellt. Dies sollten Sie im Dialog unter vier Augen klären.

Bestreitet der Teilnehmer jedoch die Aussage an sich, kann es schwierig werden, eine Lösung zu finden.

- Wenn vorhanden, sollten Sie noch einmal die Tonaufzeichnung der Sitzung anhören. Vielleicht haben Sie sich verhört? Wenn nicht, spielen Sie das Band dem betreffenden Teilnehmer vor – dann sollte sich die Diskussion schnell erledigt haben.
- Ist keine Aufzeichnung vorhanden, bitten Sie zunächst den Moderator des Meetings um eine Einschätzung. Kann er sich an die jeweilige Äußerung erinnern? Erst wenn es dann noch Unstimmigkeiten gibt, sollten Sie auch die anderen Teilnehmer zu der Angelegenheit befragen.

Versuchen Sie, in jedem Fall eine einvernehmliche Lösung zu finden. Sonst besteht die Gefahr, dass der Sitzungsteilnehmer Ihr Protokoll nicht unterschreibt oder zu diesem Punkt eine Gegendarstellung verfasst.

Unterschriften einholen

Je nach Wichtigkeit der Besprechung und des Protokolls müssen Sie nun noch die Unterschriften der Teilnehmer und des Moderators bzw. Besprechungs leiters einholen. Bei einem normalen Ergebnisprotokoll nach einem Abteilungsmeeting im Unternehmen wird das kaum notwendig sein. Hier wird das Protokoll oft ganz formlos in der nächsten Sitzung offiziell freigegeben.

Anders kann es dagegen aussehen, wenn Sie beispielsweise eine Mitschrift von Verkaufsverhandlungen oder Unternehmensübernahmen anfertigen, wenn ein Entscheidungsgremium tagte und weitreichende Beschlüsse gefasst hat. Dann kann es durchaus erforderlich sein, dass alle Teilnehmer die Vereinbarungen und Zwischenergebnisse, die im Protokoll festgehalten sind, auch bestätigen.

Haben Sie Ihr Protokoll fertiggeschrieben, alle Formate korrekt zugewiesen und die gewünschten Korrekturen eingetragen, drucken Sie das Dokument aus und schicken Sie jeweils zwei Exemplare an die Teilnehmer. Ein Exemplar ist für die Unterlagen des Empfängers, beim zweiten bitten Sie um

Kapitel 6: Die Nachbereitung

die Unterschrift und Rückgabe an Sie. Auch hier sollten Sie enge Fristen setzen und konsequent nachhaken, bis Sie alle Unterschriften vorliegen haben.

Denken Sie daran, dass wichtige Mitschriften auch von Ihnen als Protokollant unterschrieben werden müssen.

Speichern Sie alle Dokumente ab

Bevor Sie den Vorgang der reinen Protokollerstellung endgültig abschließen, machen Sie einen letzten Kontrolllauf. Die wichtigsten Fragen sind:

→ Liegen alle Freigaben und Unterschriften vor?
→ Haben alle Teilnehmer und sonstigen Empfänger ein Exemplar der endgültigen Fassung vorliegen?

Erst wenn Sie beides bejahen können, sollten Sie an die Archivierung denken.

Zwar werden die meisten Empfänger das Protokoll auf ihrem eigenen Rechner abspeichern, aber oft ist eine zusätzliche zentrale Archivierung, etwa im Intranet, sinnvoll.

Aber wo genau?

Ein einziger Ordner „Protokolle", in dem Sie die Niederschriften chronologisch ablegen, wird in den meisten etwas größeren Unternehmen nicht ausreichen, weil dort einfach zu viele Protokolle anfallen.

Protokolle schreiben

Tipp

Legen Sie für regelmäßig wiederkehrende Besprechungsanlässe eigene Protokollordner an, etwa „Geschäftsführungsmeetings", „Teamsitzungen" oder „Außendiensttagungen".

Protokolle, die bei Projektsitzungen entstehen oder die sich auf bestimmte Kunden beziehen, legen Sie in den Projekt- bzw. Kundenordnern ab.

Speichern Sie alle relevanten Informationen gemeinsam ab

Wenn eine Sitzung lang und bedeutend war und viel Material dabei angefallen ist, ist es praktisch, alles in einem gesonderten (Unter-)Ordner abzuspeichern. So haben Sie alle Dokumente griffbereit und müssen bei Nachfragen nicht lange suchen. Achten Sie auf eine einheitliche Dateibenennung, sowohl für den übergeordneten Ordner als auch für die Daten, die zu dieser einen Sitzung oder zu anderen Sitzungen gehören.

Nutzen Sie z. B. die Sitzungsart und das Datum für den Dateinamen: „20130217_Aufsichtsratssitzung" und darunter „20130217_Korrektur_Hansen".

Tipps

Office-Expertin **Tanja Bögner** rät aus ihrer Erfahrung:

- Vereinbaren Sie eine einheitliche Struktur für die Vergabe von Dateinamen, die Sie in die Fußzeile des Dokuments setzen sowie Kürzel für die jeweilige Dokumentenart:
- AN = Aktennotiz
- TEL = Telefonnotiz
- PR = Protokoll
- BR = Brief
- Beispiel für einen Dateinamen: 20130412_PR_AR-Sitzung_20130410
- So können Sie das schnelle Wiederfinden des entsprechenden Dokuments sicherstellen.

Zu den im selben Ordner gespeicherten Dateien können u. a. gehören:

→ die Einladung mitsamt der Tagesordnung, die im Vorfeld verschickt wurde,
→ die mp3- oder mp4-Dateien des Mitschnitts,
→ Ihre Notizen aus dem Meeting, sofern Sie diese am Computer erstellt haben, bzw. ein Scan Ihrer Mitschrift (vor allem bei Wortprotokollen kann dies sinnvoll sein),
→ das Teilnehmerverzeichnis (gegebenenfalls eingescannt mit den Unterschriften der Beteiligten),
→ Ihr erster Entwurf des Protokolls,
→ Fotos, die während der Sitzung entstanden sind,
→ Präsentationen, Tabellen etc., die von den Teilnehmern vorgestellt und Ihnen im Anschluss zur Verfügung gestellt wurden,
→ die Korrekturen der Teilnehmer,
→ die Endfassung Ihres Protokolls,
→ die Freigaben.

Daneben fallen bei manchen Protokollen auch nichtelektronische Dokumente an, am wichtigsten sind in diesem Zusammenhang natürlich die unterschriebenen Reinschriften. Besonders wichtige Dokumente sollten Sie gesondert an einem abschließbaren Ort lagern, hierfür gibt es in vielen Unternehmen extra Vorschriften, außerdem gelten in vielen Fällen gesetzliche Aufbewahrungsfristen.

Bei den meisten Protokollen aber ist dieser Aufwand gar nicht notwendig, weil es sich nur einfache Ergebnisprotokolle ohne weiteres Material handelt. Solche Mitschriften landen in der Regel in der zugehörigen Ablage – etwa in den Projektordnern nach einer Projektbesprechung.

Tipp

Auch wenn Sie selbst „nur" als Protokollant bei der Sitzung dabei waren, sollten Sie eine Fassung der Mitschrift aufbewahren, um bei Rückfragen schnell antworten zu können und um auch später noch Ihre Tätigkeit nachweisen zu können.

Veranlassen Sie gegebenenfalls die Weiterverarbeitung

Einige Protokolle werden weiter verarbeitet, z. B. werden Mitschriften von Tagungen oder Kongressen oft gebunden und nachträglich an die Teilnehmer verschickt – mitunter sogar in höherer Auflage, um sie noch weiter verteilen zu können.

Gelegentlich wird dies in den Sekretariaten oder auch den Poststellen der Unternehmen selbst erledigt, aber häufiger werden solche Aufgaben an Dienstleister, etwa einen Copy-Shop vergeben. Solche externen Aufträge können Ihren Zeitplan gründlich durcheinander bringen. Wenn Sie Ihrem „Auftraggeber" einen Termin nennen, zu dem Sie die endgültige Fassung bei ihm einreichen, sollten Sie solche Faktoren berücksichtigen. Melden Sie den Auftrag auch rechtzeitig im Copy-Shop an, dadurch lässt sich meist etwas Zeit sparen.

Tipp

Office-Expertin **Tanja Bögner** rät aus ihrer Erfahrung:

Da die meisten Protokolle vertraulich sind, ist es sinnvoll, sich vom Copy-Shop eine entsprechende Vertraulichkeitserklärung unterschreiben zu lassen.

Nutzen Sie Ihre Erfahrungen, um die Abläufe zu optimieren

Sobald Sie das Protokoll endgültig fertiggestellt, an alle Teilnehmer der Sitzung geschickt und alle Dokumente abgelegt haben, ist es Zeit für einen Rückblick: Wie sind Sie insgesamt mit der Aufgabe klargekommen? Was ist gut gelaufen? Was war schwierig? Wo sehen Sie Verbesserungsbedarf?

Kapitel 6: Die Nachbereitung

❑ Haben Sie rechtzeitig von der Sitzung und Ihrer Aufgabe als Protokollant erfahren, sodass Sie sich inhaltlich gut vorbereiten konnten?

❑ War das Briefing ausreichend? War Ihnen klar, welche Art Protokoll Sie schreiben sollen, welchen Zweck es erfüllt und wer die Empfänger sein werden?

❑ Waren Sie selbst am Tag der Sitzung ausgeruht und fit? Haben Sie während der Besprechung Ihre Konzentration halten können?

❑ Konnten Sie der Besprechung gut folgen und haben Sie Wortbeiträge und/oder alle wesentlichen Punkte erfassen können?

❑ Funktionierte die Technik?

❑ Konnten Sie Ihre Notizen gut nachbereiten, war alles gut sortiert und lesbar?

❑ Haben sich alle Dokumenten- und Formatvorlagen als zweckmäßig erwiesen?

❑ Hat sich ein Korrekturlauf als notwendig erwiesen?

❑ War Ihre Rohfassung des Protokolls so geschrieben, dass von den Teilnehmern nur wenige Änderungswünsche kamen?

❑ Haben Sie die Freigaben schnell und unkompliziert erhalten? Wenn nicht, woran lag das?

❑ Passte der Zeitplan von der Sitzung bis zur endgültigen Ablage der Mitschrift?

Wenn Sie die Frageliste durchgehen, werden Sie feststellen, dass mögliche Probleme ihre Ursachen teilweise bei anderen Personen oder in der allgemeinen Organisation haben, teilweise aber auch bei Ihnen selbst zu suchen sind.

Wenn Sie Probleme in der Organisation feststellen, sollten Sie mit den zuständigen Personen sprechen, um die Abläufe zu verbessern. Bitten Sie z. B. darum, früher über Sitzungen, deren Inhalte und Ziele informiert zu werden, wenn Ihnen die Vorbereitungszeit nicht ausgereicht hat. Oder Sie haben festgestellt, dass die Vorlagen Ihren Ansprüchen nicht gerecht werden. Dann sollten Sie diese – gegebenenfalls im Team – solange überarbeiten, bis alles passt.

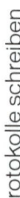

Seien Sie aber auch selbstkritisch. Wenn Sie z. B. von Sitzungsteilnehmern regelmäßig viele Änderungswünsche erhalten, sollten Sie eventuell bei der sprachlichen Überarbeitung Ihrer Notizen etwas vorsichtiger vorgehen. Oder Sie stellen für sich fest, dass Sie gelegentlich unsicher sind, wenn es um Rechtschreibung oder Zeichensetzung geht. Dann trainieren Sie gezielt diese Problembereiche – das wird Ihnen auch bei anderen Aufgaben nutzen.

Tipps

Office-Expertin **Tanja Bögner** rät aus ihrer Erfahrung:

Sollten Sie bei der Protokollausarbeitung Probleme gehabt haben, ist es wichtig, die genauen Ursachen dafür ausfindig zu machen und Optimierungen zu finden. So ist gewährleistet, dass Sie beim nächsten Protokollieren noch besser und selbstsicherer werden. Mögliche Schwierigkeiten könnten sein:

- Die Mitschrift war zu unübersichtlich.
- Die Objektivität war nicht immer gegeben.
- Sie haben sich unsicher oder unwohl gefühlt.
- Sie haben sich nicht ausreichend auf die Ihnen unbekannten Inhalte vorbereitet.
- Es gab zu viele Nebengeräusche und Ablenkungen.
- Der Raum war nicht optimal (zu klein, zu groß, zu warm ...).
- Die Aussagen der Teilnehmer waren zu komplex.
- Die Konzentration ließ während der Sitzung nach.
- Während der Protokollerstellung gab es zu viele Störungen, die Sie immer wieder aus der Konzentration gerissen haben.

Um solchen Problemen, deren Ursache eher bei Ihnen zu suchen ist, aus dem Weg zu gehen, finden Sie viele Tipps und Hinweise in diesem Buch. Versuchen Sie aber nicht, alle Probleme auf einen Schlag zu lösen. Damit riskieren Sie nur, dass Sie in der nächsten Sitzung verunsichert sind. Gehen Sie besser Schritt für Schritt vor und verbessern Sie Ihre Fähigkeiten als Protokollant kontinuierlich. Damit erreichen Sie langfristig mehr.

Kapitel 6: Die Nachbereitung

Nutzen Sie das Protokoll als Arbeitsgrundlage

Welche weiteren Arbeiten noch auf Sie zukommen, ist abhängig davon, in welcher Funktion Sie an der Sitzung teilgenommen haben und welche Aufgaben Sie etwa im Unternehmen noch haben.

Waren Sie ausschließlich für die Protokollführung zuständig, können Sie sich jetzt zurücklehnen und auf die nächste Sitzung warten, bei der ein guter Protokollführer gebraucht wird.

Allerdings ist das vermutlich die Ausnahme. Denn entweder hat die Sekretärin die Protokollführung übernommen, sodass sich daraus noch weitere Tätigkeiten ergeben, oder aber ein Besprechungsteilnehmer hat das Protokoll zusätzlich erstellt und muss nun wie alle anderen Anwesenden seine To-dos bearbeiten.

Bearbeiten Sie die To-dos und Beschlüsse

Wenn Sie selbst nicht nur Protokoll geführt haben, sondern der Sitzung auch als Teilnehmer beigewohnt haben, machen Sie sich jetzt auf die Suche nach Ihren To-dos. Da Sie die wesentlichen Informationen „Wer macht was bis wann?" natürlich festgehalten haben, können Sie sich auf Basis des Protokolls daran machen, die Aufgaben zu bearbeiten.

Wenn Sie etwa als Sekretärin in der Sitzung mitgeschrieben haben, kommen möglicherweise keine eigenen To-dos auf Sie zu, dafür aber müssen Sie die Aufgaben Ihres Chefs im Blick behalten. Das gilt auch für Besprechungen, bei denen keine To-dos im eigentlichen Sinne vergeben wurden, sondern übergreifende Beschlüsse gefasst wurden.

Hat z. B. der Geschäftsführer in der Sitzung der Führungsebene beschlossen, dass der Markt in Brasilien erschlossen werden soll, so kann das für den Chef der Marketingabteilung bedeuten, dass ein eigenes Projektteam auf die Beine gestellt werden muss – ohne dass dies explizit genannt wird. Schnappen Sie sich also nach solchen Besprechungen das Protokoll, gehen Sie damit zu Ihrem Chef und klären Sie, welches die nächsten Schritte sind und wie Sie ihn dabei unterstützen können.

Noch mehr To-dos müssen Sie unter Umständen im Auge behalten, wenn Sie in einem Projekt als Assistentin tätig sind und die Terminplanung im Projekt zu Ihren Aufgaben gehört. Denn dann müssen Sie sich nicht nur um eigene To-dos und Termine kümmern, sondern auch um die der Kollegen. In diesem Fall übertragen Sie alle besprochenen To-dos in den Projektterminplan und holen Sie sich regelmäßig Statusmeldungen ein.

Tipp

Wenn Sie für die Terminüberwachung zuständig sind, empfiehlt es sich, im Ergebnisprotokoll nach der Spalte für den Erledigungstermin eine weitere Spalte für den Stand der Arbeiten einzufügen und dieses Dokument laufend zu aktualisieren. Dann haben Sie alle wichtigen Daten auf einen Blick.

Wer kontrolliert die Einhaltung der Beschlüsse?

Das führt zur nächsten Frage rund um die Protokolle: Wer kontrolliert eigentlich, ob alles, was besprochen und beschlossen wurde, auch umgesetzt wird?

Um es ganz klar zu sagen: Das ist nicht Ihre Aufgabe. Zunächst einmal liegt es in der Verantwortung eines jeden Einzelnen, dass er seine To-dos vollständig und termingerecht bearbeitet. Wenn es dabei zu Problemen kommt, muss er sich rechtzeitig darum kümmern. Wenn ein Mitarbeiter seine Pflichten in diesem Bereich vernachlässigt, muss der jeweilige Vorgesetzte eingreifen.

Allerdings haben auch Sie als Protokollführer einen gewissen Einfluss auf die Termintreue von Besprechungsteilnehmern, zumindest wenn Sie auch die Organisation der Besprechung übernehmen.

Wie das?

Ganz einfach: Setzen Sie die besprochenen To-dos der letzten Sitzung einfach als Tagesordnungspunkt auf die Einladung für die nächste Sitzung, etwa unter dem Punkt: „Status Projekt X – Besprechung offener To-dos". So verhindern Sie, dass Aufgaben komplett unter den Tisch fallen. Kein Kollege wird es sich auf Dauer leisten können, immer nur Verzug zu melden.

Bereiten Sie die nächste Sitzung vor

Das Protokoll der letzten Sitzung kann eine gute Basis sein, um die nächste Besprechung vorzubereiten. Selbst wenn es in Ihrem Unternehmen nicht üblich ist, die To-dos zu kontrollieren, sollten Sie sich das alte Protokoll noch einmal durchlesen, wenn die nächste Sitzung ansteht:

→ Was wurde besprochen?

→ Wie ist jetzt Ihre Einschätzung dazu?

→ Hat sich eventuell in der Zwischenzeit etwas verändert, sodass Beschlüsse noch einmal überdacht werden sollten (z. B. das Gebiet in Brasilien, das als neuer Markt erschlossen werden sollte, wurde von einer Überschwemmung heimgesucht)?

→ Haben sich bei der Bearbeitung Ihrer To-dos unerwartete Probleme ergeben, sodass möglicherweise der Terminplan wankt?

Wenn Sie die nächste Sitzung organisieren:

→ Welche Tagesordnungspunkte wurden vom letzten Mal verschoben?

→ Ist es möglich, sie dieses Mal mit aufzunehmen?

Sie sehen, hier schließt sich der Kreis von einer Sitzung zur nächsten und damit auch zum nächsten Protokoll.

Anhang

Einleitungsformeln - Synonyme

„Herr Meier sagt, ..." - Liste der alternativen Einleitungswörter

antwortet	erklärt	möchte wissen
argumentiert mit	erkundigt sich	regt an
äußert	erläutert	richtet aus
bedauert	fasst zusammen	sagt ... zu
befürchtet	favorisiert	schildert
befürwortet	fordert	schlägt vor
begründet	formuliert	skizziert
behauptet	fragt	stellt dar
beklagt	fragt nach	stellt fest
bemerkt	fügt hinzu	teilt mit
berichtet	führt aus	trägt vor
beschreibt	geht auf ... ein	unterrichtet
betont	gibt weiter	unterstreicht
bittet	hebt hervor	verdeutlicht
bringt vor	informiert	vertritt die Meinung
bringt zum Ausdruck	kündigt an	weist darauf hin
drückt ... aus	legt dar	will wissen
empfiehlt	meint	wirft ein
ergänzt	meldet	wünscht
erinnert daran	merkt an	

„Frau Schulze fragt" – Liste alternativer einleitender Wörter, um Informationen einzuholen

argwöhnt, dass	fragt	stellt die Frage
befragt (eine andere Person)	fragt nach	stellt in Frage, dass
bittet um Informationen zu	hinterfragt	verlangt Auskunft über
	interessiert sich für	wünscht weitere Informationen zu
erkundigt sich	möchte erfahren	
forscht nach	möchte wissen	will wissen
	richtet die Frage an	

„Frau Müller widerspricht ..." – Liste alternativer Einleitungswörter, um eine abweichende Meinung zu kennzeichnen

argumentiert dagegen	geht auf ... ein	tadelt
beanstandet	gibt zu bedenken	verlangt
bedauert	insistiert	verneint
begegnet	hält dagegen	verteidigt
beharrt darauf	hält entgegen	verwahrt sich gegen
befürchtet	ist nicht einverstanden	warnt
berichtigt	kritisiert	weist zurück
bestreitet	legt Protest ein	wendet ein
beteuert	legt Widerspruch ein	widerruft
bezweifelt	lehnt ab	widerspricht
bringt Einwände vor	protestiert	wirft ein
entgegnet	reagiert	zeigt sich nicht einverstanden
entkräftet	sieht ... skeptisch	
erhebt Einwände	spricht sich gegen ... aus	zieht in Zweifel
erhebt Einspruch		zweifelt (an)
erwidert	streitet ab	

„Herr Schmidt bestätigt ..." - Liste alternativer Einleitungswörter, um Zustimmung zu signalisieren

akzeptiert
äußert sein Einverständnis
begrüßt
befindet ... für gut
befürwortet
bejaht
bekennt sich zu
bekräftigt
bescheinigt
bestätigt
bevorzugt
billigt
erkennt ... an
genehmigt
gestattet

gesteht zu
gewährt
gibt seine Erlaubnis
gibt seine Zustimmung
gibt zu
heißt ... gut
ist derselben Meinung
ist einverstanden
kommen überein (nur
  im Plural gebräuchlich)
lässt zu
lobt
nimmt ... an
pflichtet ... bei
plädiert für

räumt ein
sagt zu
schließt sich ... an
setzt sich ein für ...
sichert zu
signalisiert sein Einverständnis
signalisiert seine Zustimmung
spricht sich für ... aus
tritt ein für
unterstützt
versichert, dass
verständigen sich darauf (nur im Plural)
willigt ein

Konjugationstabelle - Konjunktiv I

Indikativ Präsens	Konjunktiv I Präsens
Hilfsverben	
sein ich bin du bist er/sie/es ist wir sind ihr seid sie/Sie sind	Ich sei du seist/du seiest er/sie/es sei Wir seien ihr seiet sie/Sie seien
haben ich habe du hast er/sie/es hat wir haben ihr habt sie/Sie haben	Ich habe du habest er/sie/es habe wir haben ihr habet sie/Sie haben
werden ich werde du wirst er/sie/es wird wir werden ihr werdet sie/Sie werden	ich werde du werdest er/sie/es werde wir werden ihr werdet sie/Sie werden
Modalverben	
dürfen ich darf du darfst er/sie/es darf wir dürfen ihr dürft sie/Sie dürfen	ich dürfe du dürfest er/sie/es dürfe wir dürfen ihr dürfet sie/Sie dürfen
können ich kann du kannst er/sie/es kann wir können ihr könnt sie/Sie können	ich könne du könnest er/sie/es könne wir können ihr könntet sie/Sie können

Indikativ Präsens	Konjunktiv I Präsens
Modalverben	
mögen ich mag du magst er/sie/es mag wir mögen ihr mögt sie/Sie mögen	ich möge du mögest er/sie/es möge wir mögen ihr möget sie/Sie mögen
müssen ich muss du musst er/sie/es muss wir müssen ihr müsst sie/Sie müssen	ich müsse du müssest er/sie/es müsse wir müssen ihr müsset sie/Sie müssen
sollen ich soll du sollst er/sie/es soll wir sollen ihr sollt sie/Sie sollen	ich solle du sollest er/sie/es solle wir sollen ihr solltet sie/Sie sollten
Vollverben	
arbeiten (schwaches Verb) ich arbeite du arbeitest er/sie/es arbeitet wir arbeiten ihr arbeitet sie/Sie arbeiten	ich arbeite du arbeitetest er/sie/es arbeite wir arbeiten ihr arbeitet sie/Sie arbeiten
fahren (starkes Verb) ich fahre du fährst er/sie/es fährt wir fahren ihr fahrt sie/Sie fahren	ich fahre du fahrest er/sie/es fahre wir fahren ihr fahret sie/Sie fahren

Anmerkungen zur Grammatik

Oft bereiten sogenannten Präpositionen, also die Verhältniswörter, Schwierigkeiten, vor allem die Frage, wie das folgende Substantiv dekliniert, also gebeugt werden muss. Heißt es „bezüglich unseres Gesprächs" oder „bezüglich unserem Gespräch"?

Welcher Kasus (Fall) ist richtig? Oft gibt es darauf mehrere Antworten, weil die Präposition mehrere Fälle erlaubt. Allerdings kann es dabei durchaus zu Bedeutungsverschiebungen kommen. So bezeichnet „hinter" mit Dativ einen Ort („Das Dokument lag hinter dem Kopierer."), folgt hingegen ein Akkusativ, wird eine Richtung ausgedrückt („Er ließ das Dokument hinter den Kopierer fallen.") In der folgenden Tabelle können Sie einige der eher problematischen Präpositionen nachlesen:

abseits	Genitiv	innerhalb	Genitiv/Dativ
abzüglich	Genitiv/Dativ	kraft	Genitiv
anlässlich	Genitiv	längs	Genitiv
anstelle	Genitiv	laut	Genitiv/Dativ
auf	Akkusativ/Dativ	mangels	Genitiv/Dativ
aufgrund	Genitiv	mittels	Genitiv/Dativ
ausschließlich	Genitiv/Dativ	neben	Akkusativ/Dativ
außerhalb	Genitiv/Dativ	oberhalb	Genitiv
bezüglich	Genitiv/Dativ	trotz	Genitiv/Dativ
binnen	Genitiv/Dativ	über	Akkusativ/Dativ
dank	Genitiv/Dativ	ungeachtet	Genitiv
einschließlich	Genitiv/Dativ	unter	Akkusativ/Dativ
entgegen	Dativ	vor	Akkusativ/Dativ
entsprechend	Dativ	während	Genitiv/Dativ
exklusive	Genitiv/Dativ	wegen	Genitiv/Dativ
gegenüber	Dativ	zufolge	Genitiv/Dativ
gemäß	Dativ	zugunsten	Genitiv

hinsichtlich	Genitiv/Dativ	zuungunsten	Genitiv
hinter	Akkusativ/Dativ	zuzüglich	Genitiv/Dativ
inklusive	Genitiv/Dativ	zwischen	Akkusativ/Dativ

Liste mit Abkürzungen und Symbolen

Legen Sie sich eine Liste mit gängigen Abkürzungen und Symbolen an. Damit erhöhen Sie auch Ihr Schreibtempo.

Tanja Bögner verwendet beispielsweise diese Liste:

Gängige Abkürzungen

Abk.	Abkürzung	gem.	gemäß
Abt.	Abteilung	Ggs.	Gegensatz
allg.	allgemein	gen.	genannt
amerik.	amerikanisch	gstzl.	gesetzlich
Anh.	Anhang	hist.	Historisch
Anm.	Anmerkung	Hptst.	Hauptstadt
Bed.	Bedeutung	i. A.	im Auftrag
Berfbez.	Berufsbezeichnung	i. V.	in Vertretung
bes.	besonders	Jh.	Jahrhundert
Best.	Bestimmung	jdm.	jemand
Bez.	Bezeichnung	jmdn.	jemanden
bzgl.	bezüglich	kath.	katholisch
ca.	zirka	m.	männlich
dt.	deutsch	med.	medizinisch
ehem.	ehemals	o. Ä.	oder Ähnliches
eigtl.	eigentlich	od.	oder
etw.	etwas	Pr.	Preis
Erh.	Erhalt	stfw.	stufenweise
erk.	erkennt	svw.	so viel wie

europ.	europäisch	u.	und
ev.	evangelisch	u. Ä.	und Ähnliches
Fachspr.	Fachsprache	ugs.	umgangssprachlich
fam.	familiär	urspr.	ursprünglich
fgl.	festgelegt	vgl.	vergleiche
franz.	französisch	w.	weiblich
gebr.	gebräuchlich	z. B.	zum Beispiel

Gebräuchliche Symbole

+ und
* geboren
† verstorben
→ folglich
< kleiner als
> größer als
? Frage eines Teilnehmers
% Prozent
= ist gleich
§ Paragraph
↑ ist gestiegen
↓ ist gesunken
↔ gegensätzlich

Muster

Muster für eine Aktennotiz/Telefonnotiz

Gespräch mit
Thema:
Kürzel Ort/Datum

Muster 1 für ein Ergebnisprotokoll in Tabellenform

Protokoll der XX-Sitzung		am
Teilnehmer	Verteiler	
→	→	
→	→	
→	→	
Protokoll:		
TOP		Wer?
1		
2		
3		
4		
Ort, Datum		
Unterschrift	Unterschrift	
Besprechungsleiter	Protokollant	

Beispiel für ein Ergebnisprotokoll in Tabellenform

Protokoll der Geschäftsführungssitzung	am 06.05.2013 9:30–18:30 Uhr	
Teilnehmer	Verteiler	
→ Herr Dr. Saalfeld (Vorsitzender) → Frau Dr. Meyer → Herr Schmidtmann → Herr Seibert	→ Teilnehmer → Frau Wohlfahrt → Herr Zähler → Herr Priest	
Protokoll: Herr Priest		
TOP	Inhalt	Wer?
1	**Gesellschafterversammlung am 25. Mai 2013** Die Einladungsmaterialien für die Gesellschafterversammlung am 25. Mai 2013 wurden zusammengestellt und abschließend diskutiert. Der Versand der Unterlagen erfolgt fristgerecht am **7. Mai 2013** durch das Geschäftsleitungssekretariat. Insbesondere sollte dieses Mal darauf geachtet werden, dass alle Anwesenden sich in der vorliegenden Teilnehmerliste eintragen. Hierzu wird am Eingang entsprechendes Personal zur Verfügung gestellt. Das Hotel König wird auch in diesem Jahr die Versammlung ausrichten, da die Teilnehmer sehr mit dem Service zufrieden waren.	
2	**Mitarbeiterfest** Das Mitarbeiterfest soll in diesem Jahr ein Sommerfest werden. Die Kommunikationsabteilung wird gebeten, hierfür zwei bis drei Veranstaltungsangebote anzufordern und ein Rahmenprogramm zu organisieren. Der konkrete Termin für das Mitarbeiterfest wird auf der nächsten GF-Sitzung festgelegt. Die Kosten sollten sich im Rahmen des letzten Mitarbeiterfestes bewegen.	Frau Wohlfahrt, Kommunikationabteilung

	Es ist darauf zu achten, dass ausreichend Busse zur Verfügung stehen.	
3	**Neue Drucker auf den Etagen** Nach wie vor gibt es erhebliche Probleme bei der Installierung der neuen Drucker. Es wird vereinbart, jeweils in den Abteilungen ein Fehlerprotokoll zu erstellen und der entsprechenden IT-Firma vor-zulegen. Innerhalb der nächsten zwei Wochen sollten die Probleme in jeder Etage behoben sein.	Herr Zähler, IT-Abteilung
4	**Nächste GF-Sitzung** Die nächste GF-Sitzung findet am **3. Juni 2013 um 11 Uhr** im großen Sitzungsraum statt.	Herr Priest

Nürnberg, 06.05.2013

_____   _____

Dr. A. Saalfeld   H. Priest
(Vorsitzender)   (Protokollführer)

Muster für ein Verlaufsprotokoll

Protokoll	
der Sitzung	
am	in
Präsenz	
Geschäftsleitung:	
Sonstige Teilnehmer:	
Gäste:	
Entschuldigt:	
Zeit von	bis Uhr
Tagesordnung:	
TOP 1	
Beschluss:	
TOP 2	
Beschluss:	
TOP 3	
Beschluss:	
TOP 4	
TOP 4.1	
TOP 4.2	
Beschluss:	
Frau/Herr _____ schließt die Sitzung um … Uhr.	
Ort, Datum .... Ort, Datum	
.... Vorsitzender Protokollant	

Beispiel für ein Verlaufsprotokoll

Protokoll **der 13. Sitzung der Bürgerinitiative „Goethestraße"**	
Am 5. Juli 2013 im Rathaussaal	
Präsenz	
Vorsitzender:	Herr Lohöfer
Anwesende:	16 Anwohner und 1 Gast (s. Anwesenheitsliste in der Anlage)
Zeit von 19:00	bis 21:23 Uhr
Der Vorsitzende, Herr Lohöfer, eröffnet die Sitzung und stellt die Beschlussfähigkeit fest.	
Tagesordnung:	Protokollverabschiedung Projekt „Begrünung Goethestraße" Straßenfest Treffen mit dem Oberbürgermeister Wahl des neuen Vorsitzenden
TOP 1: Protokoll- verabschiedung	Das Protokoll der letzten Sitzung wird einstimmig verabschiedet. Frau Hofmann-Meyer erklärt sich bereit, für die heutige Sitzung ein kurzes Verlaufsprotokoll zu schreiben.
TOP 2: Projekt „Begrünung Goethestraße"	Herr Schulte schlägt für das weitere Vorgehen zum Projekt „Begrünung Goethestraße" vor, dass alle Anwohner sich mit den von ihm mitgebrachten Plänen und der digital vorliegenden PowerPoint-Präsentation bis Ende September beschäftigen und alle Anregungen, Fragen, Ideen auf der nächsten Sitzung mit der dann anwesenden Gartenbaufirma diskutieren. Weitere Vorschläge zur Begrünung seien natürlich jederzeit sehr willkommen.
TOP 3: Straßenfest	Frau Kunze berichtet vom Straßenfest am 15. Juni und spricht allen Anwohnern, die sich daran beteiligt haben, ihren großen Dank aus.

	Frau Lose regt an, das nächste Straßenfest auch auf die anliegende Schillerstraße auszuweiten, um mehr Einnahmen zu erwirtschaften. Zudem könnten entsprechende Informationsflyer zum Verteilen gedruckt werden.
	Herr Pohle bietet sich an, einen Flyerentwurf vorzubereiten und diesen auf der nächsten Sitzung zu präsentieren.
	Frau Schmidt äußert ihre Bedenken, die Veranstaltung nicht ausufern zu lassen, da somit die Überschaubarkeit und das Persönliche verloren gingen. Sie plädiert dafür, das nächste Straßenfest nur in der Goethestraße stattfinden zu lassen.
	Hierüber wird kontrovers diskutiert
	Frau Schmidt schlägt vor, die Erlöse aus dem Getränkestand im kommenden Jahr einem gemeinnützigen Zweck zu spenden. Dies trifft auf allgemeine Zustimmung.
Beschluss:	Im nächsten Jahr sollen auch die Anwohner der Schillerstraße einbezogen werden.
	Der Erlös des Getränkestandes soll an die „Tafel" gespendet werden
TOP 4: Treffen mit dem Oberbürgermeister	Es erfolgt ein kurzer Bericht von Herrn Nebel über das Treffen mit dem Oberbürgermeister zur Thematik „Zone 30". Die Entscheidung des Oberbürgermeisters bleibe noch abzuwarten. Er stehe den Vorschlägen der Bürgerinitiative allerdings sehr positiv gegenüber.
TOP 5: Wahl des neuen Vorsitzenden	Herr Wenger zieht seinen Antrag zurück, sich zur Wahl des Vorsitzenden zu stellen. Nach lebhafter und etwas angespannter Diskussion wird Herr Lohöfer erneut zum Vorsitzenden der Bürgerinitiative „Goethestraße" gewählt.

	Ja-Stimmen: 11 Nein-Stimmen: 3 Enthaltungen: 2 Herr Lohöfer nimmt die Wahl dankend an
Beschluss:	Herr Lohöfer übernimmt erneut den Vorsitz der Bürgerinitiative.
Herr Lohöfer schließt die Sitzung um 21:23 Uhr	

_____   _____

Helmut Lohhöfer   Birgit Hofmann-Meyer
Vorsitzender   Protokollantin

Beispiel für ein Wortprotokoll

12. ordentliche Mitgliederversammlung des Sparkassenvereins Bad Wiesing
am 14. September 20XX im Hotel Hamburg

Herr Dr. Pfaffenrot:
Meine sehr verehrten Damen und Herren,

ich eröffne hiermit die zwölfte ordentliche Mitgliederversammlung des Sparkassenvereins Bad Wiesing und begrüße Sie im Namen des Aufsichtsrats und der Geschäftsführung ganz herzlich. Ich hoffe, Sie haben alle das wunderschöne Konzert gestern in der Ausstellungshalle genossen. Wenn auch die Akustik nicht so optimal war, so haben wir doch alle, glaube ich, das Orchester und die Ansprachen von unseren beiden Geschäftsführern, Herrn Meyer und Herrn Schmidt, mit Wohlwollen aufgenommen. Ich glaube, sie waren die richtige Einstimmung für eine lebhafte und faire Diskussion heute. Die ebenfalls heute stattfindende Vorstandssitzung wird sich unmittelbar an diese Mitgliederversammlung anschließen.

Einige Gäste sind heute anwesend. Ich nehme an, dass aus Sicht der Mitglieder kein Widerspruch gegen die Teilnahme dieser Gäste besteht. Ich sehe keinen Widerspruch. Dann heiße ich die Gäste recht herzlich zur zwölften ordentlichen Mitgliederversammlung des Sparkassenvereins Bad Wiesing willkommen.

Die genaue Präsenz, meine Damen und Herren, werde ich bekannt geben, sobald mir das aktuelle Teilnehmerverzeichnis vorliegt. Der guten Ordnung halber darf ich Sie noch informieren, dass der Verlauf unserer Sitzung zur Erleichterung der Beschlussprotokollierung auf Tonband aufgezeichnet wird. Sofern es ein Redner wünscht, wird das Tonband selbstverständlich während seiner Ausführungen abgeschaltet. Ich bitte in diesem Fall den Redner um einen entsprechenden Hinweis zu Beginn seiner Ausführungen. Ich danke für Ihr Verständnis.

Bevor wir nun in die Tagesordnung als solche eintreten, freue ich mich, dass wir traditionell wieder einen Vortrag präsentieren; diesmal mit einem aktuellen, uns hier in unserem Unternehmen beschäftigenden Thema:

„Wie lange lebt der Euro noch?"

Ich freue mich, dass wir dazu einen ausgewiesenen Experten unter uns haben: Herrn Professor Dr. August Hellseh. Er ist seit 1. Januar 1995 Professor an der Fachhochschule in Neuburg. Er lehrt dort Makroökonomik. Herr Professor Dr. Hellseh ist nun beileibe kein reiner Theoretiker, denn meine Damen und Herren, er war von 1981 bis 1991, also gut zehn Jahre, bei der Sparkasse in München für die Analyse der volkswirtschaftlichen Rahmenbedingungen zuständig.

Ich freue mich also, dass wir hier einen echten Experten in Theorie und Praxis unter uns haben. Herr Professor Dr. Hellseh, Sie haben das Wort.

Herr Professor Dr. Hellseh:
Ja, besten Dank Herr Dr. Pfaffenrot, für die freundliche Einführung.

Meine Damen und Herren, ich darf Sie sehr herzlich begrüßen. Das Thema „Wie lange lebt der Euro noch?" klingt vielleicht ein bisschen provozierend, aber ich möchte im Rahmen der Ausführungen schon die Langlebigkeit des Euros beleuchten und verschiedene Szenarien mit Ihnen durchspielen …

Zum Einstieg möchte ich mit Ihnen dieses Schaubild betrachten, aus dem die unterschiedlichen Inflationsraten und Verschuldungsgrade der einzelnen Euro-Länder hervorgehen.

Wortmeldung:
Ist es möglich, das Licht ein wenig zu dimmen? Vielen Dank.
...
Hamburg, 14.09.20XX

Dr. S. Pfaffenrot
Vorsitzender

T. Humboldt
Protokollführer

Anhang

Literaturverzeichnis

Schmitz, Thorsten: Hört, Hört!, in: Süddeutsche Zeitung Magazin, Nr. 42 vom 19.10.2012, S. 20–23

Runk, Claudia: Grundkurs Typografie und Layout. Für Ausbildung und Praxis. 3. Auflage. Bonn: Galileo Press

Organisationen
Verband der Parlaments- und Verhandlungsstenografen e. V.

Stichwortverzeichnis

Stichwortverzeichnis